乡村振兴实用技术丛书

金针菇·鲍鱼菇·秀珍菇

刘建先 严清波 唐北陵 编著

U0146312

内蒙古科学技术出版社

图书在版编目（CIP）数据

金针菇·鲍鱼菇·秀珍菇 / 刘建先，严清波，唐北陵编著. — 赤峰：内蒙古科学技术出版社，2021. 12
（乡村振兴实用技术丛书）
ISBN 978-7-5380-3393-9

Ⅰ. ①金… Ⅱ. ①刘…②严…③唐… Ⅲ. ①金钱菌属—蔬菜园艺②食用菌—蔬菜园艺 Ⅳ. ①S646

中国版本图书馆CIP数据核字（2021）第266304号

金针菇·鲍鱼菇·秀珍菇

编　　著：刘建先　严清波　唐北陵
责任编辑：马洪利
封面设计：永　胜
出版发行：内蒙古科学技术出版社
地　　址：赤峰市红山区哈达街南一段4号
网　　址：www.nm-kj.cn
邮购电话：0476-5888970
印　　刷：赤峰天海印务有限公司
字　　数：156千
开　　本：880mm×1230mm　1/32
印　　张：5.375
版　　次：2021年12月第1版
印　　次：2021年12月第1次印刷
书　　号：ISBN 978-7-5380-3393-9
定　　价：19.80元

如出现印装质量问题，请与我社联系。电话：0476-5888926　5888917

丛书编委会

前　言

金针菇菌柄细长，婀娜多姿，色泽金黄或乳白（白色品种），十分艳丽，宛如鲜花怒放，盛似秋菊傲霜，颇具观赏价值，是世界著名的菇菌之一。金针菇质地脆嫩，软润滑爽，因含有增鲜剂成分，做出的菜肴风味极佳，既清香扑鼻，又滑润爽口，令人百食不厌。金针菇中含有丰富的氨基酸，总含量为44.5%，高于一般菇类。其中赖氨酸和精氨酸含量特别丰富，有促进儿童智力发育的作用，国外称之为"增智菇"。更为可贵的是金针菇具有较高的药用价值，它含有一种叫"火菇素"的物质，其子实体热水提取物对小白鼠肉瘤S-180的抑制率在82%以上。我国已从金针菇子实体中提取了"火菇素"，经临床试验，具有较好的抗癌作用。因此，常食金针菇，对人体健康大有裨益。

鲍鱼菇是一种高温型菇类，肉质肥厚，脆嫩可口，具有鲍鱼风味。最大特点是在炎热的夏季出菇，此时多数菇菌无法生长，而它一枝独秀，可填补鲜菇市场的空档，因此具有良好的发展前景。

秀珍菇因个体娇小秀丽而得名。该菇营养丰富，蛋白质含量高，质地细嫩，口感清脆，具有蟹香味，有"菇中极品"之称，深受消费者青睐，值得大力发展。

所附绣球菌、白参菌、金福菇均为珍稀新品种，很有开发前景。

本书在编写时参阅和吸收了前人的部分研究资料，在此表示诚挚的感谢！不妥之处，恳请读者批评赐教！

目　　录

第一章 金针菇

一、概述

金针菇又名金钱菇、冬菇、白金针菇、黄金针菇,别名金菇、朴菇、构菌、冻菌、毛柄金钱菇等。因其菌柄细长,形状及色泽极似金针菜(黄花)而得名。属担子菌纲、伞菌目、白蘑科、金钱菌属。是世界著名的食用菌之一,在国际市场上是仅次于口蘑、香菇的一种名贵菌类。

金针菇形态优美,子实体丛生,菇柄细长,婀娜多姿,色泽金黄或乳白,十分艳丽,宛如鲜花怒放,胜似秋菊傲霜,颇具观赏价值。

我国栽培金针菇历史悠久,早在唐代的《农书》中就有记载。20 世纪 30 年代我国裘维蕃、潘志农等进行了瓶栽试验,80 年代初我国开始采用聚丙烯塑料袋栽培。金针菇是我国最早进行人工栽培的食用菌之一。主要产地有河北、山西、内蒙古、吉林、黑龙江、青海、甘肃、陕西、四川、江苏、浙江、湖北、湖南、云南、广西、新疆、台湾等省区。

目前我国栽培的金针菇根据子实体的颜色分为黄色品种和白色品种。黄色品种菌盖黄褐色,菌柄茶褐色,基部绒毛多;白色品种菌盖、菌柄均为白色,很受国外消费者欢迎。

金针菇质地脆嫩,软润滑爽。因其含有一种著名的增鲜剂——鸟苷-5-磷酸,故做出的菜肴风味极佳,既清香扑鼻,又滑润爽口,令人百食不厌。

1984 年,美国时任总统里根访华时,在招待外宾的国宴上有一道"彩丝金钮"的名菜,就是以金针菇为主料制成的,客人品尝后赞不绝口。

金针菇营养丰富,据上海食品工业研究所分析测定,每 100 克鲜金针菇中含水分 89.24 克,蛋白质 2.72 克,脂肪 0.13 克,灰分 0.83 克,碳水化合物 5.45 克,粗纤维 1.77 克,铁 0.22 克,钙 0.097 毫克,磷 1.48 毫克,钠 0.22 毫克,镁 0.31 毫克,钾 3.7 毫克,维生素 B_1 0.29 毫克,维生素 B_2 0.21 毫克,维生素 C 2.27 毫克。蛋白质中含有 16 种氨基酸,其中人体必需的 8 种氨基酸含量很高,占总量的 44.5%,高于一般菌类。尤其赖氨酸和精氨酸含量特别丰富,有促进儿童健康成长和智力发育的作用,因此国外称之为"增智菇"。老年人常食金针菇,可防止记忆力减退和延缓衰老;孕妇常食金针菇,可防止胎儿患先天性软骨病和胎儿畸形。

金针菇药用价值很高,据《本草纲目》中载,金针菇可"益肠胃、化痰、理气",能预防和治疗肝炎及胃肠溃疡。金针菇中所含的灰分物质,能调节人体血液,有降低胆固醇的功能,可预防高血压。

现代医学研究发现,金针菇中含有一种叫"火菇素"(亦称朴菇素)的物质,具有很强的抗癌作用。日本学者发现,金针菇子实体热水提取物对小鼠肉瘤 S-180 的抑制率在 82% 以上。我国已从金针菇中提取了"火菇素",经临床试验,其毒副作用小,具有较好的抗癌作用。因此,金针菇的市场前景极为广阔。

二、形态特征

金针菇由菌丝体和子实体组成,菌盖较小。菌丝体由细长呈分柱状的丝状体构成,由担孢子萌发而成菌丝,呈灰白色,绒毛状,有分隔。

子实体丛生,菌盖直径 2~8 厘米,幼时淡黄色或白色,半球形,盖缘内卷,后逐渐展开呈扁平状,表面有胶质的薄皮,湿时黏滑有光泽,在稍干燥、有光的条件下,菌盖呈深黄色至栗色。菌肉白色或淡黄色,菌褶稀疏,凹生或延生,与菌柄离生成弯曲状。有褶缘囊状体和侧囊体(33~66)微米×8微米。菌柄中空,圆柱形,硬直或稍弯曲,长3.5~14厘米,直径0.2~0.8厘米,生于菌盖中央,菌柄基部相连,上部呈肉质,具白色或黄褐色短绒毛,柄上部成熟时,逐渐变淡棕色。孢子印白色。孢子近圆柱状或卵圆形,表面光滑,白色,大小为(5~7)微米×(3~4)微米。内含1~4个油球。形态如图1-1所示。

图1-1 金针菇

三、生长条件

1. 营养

金针菇属木腐生菌。菌丝对木质素、纤维素的分解能力很强。木材、木屑、棉籽壳、玉米芯、甘蔗渣、稻草粉等均可作为栽培金针菇的主要原料,可满足其对碳源和氮源的需要,适当添加镁离子(硫酸镁)和磷酸根离子(过磷酸钙)可促进菌丝生长。适当添加维生素 B_1、B_2,金针菇才能生长良好,有利于提高产量。

2. 温度

金针菇属低温型恒温结实性菌类,温度对其菌丝生长和子实体发育均有着十分重要的影响。金针菇的孢子在15℃~25℃时停止生长,致死温度为34℃,但对低温有较强的耐受性,在-20℃

下也不致死亡。各个生长发育阶段对温度的要求，随品系的不同而有明显差异。目前国内栽培的金针菇有三个品系，即金黄色品系——菇体上部黄色，下部褐色；乳白色品系（即白色金针菇）——菇体上、下部均为乳白色；淡黄色品系——菇体上、下部均为淡黄色。金黄色品系较耐高温，对温度的适应范围较宽，菌丝生长适温为22℃~24℃，原基分化最适温度为10℃~14℃，子实体发育最适温度为5℃~8℃。当温度超过15℃时，容易发生褐腐病、软腐病；超过18℃，则难以形成子实体。乳白色品系的菌丝生长温度在3℃~34℃均能正常生长，最适温度为23℃左右；子实体形成温度为5℃~25℃。淡黄色品系对温度的要求介于上述两个品系之间。

3. 空气

金针菇属好气性菌类。氧气不足，菌丝活力下降，呈灰白色。但在子实体生长阶段要根据需要对二氧化碳浓度适当加以控制，如氧气不足，当二氧化碳浓度超过1%时，菌柄纤细，并抑制菌盖生长，出现针尖菇；当二氧化碳浓度超过5%时，子实体就不能形成。但较高的二氧化碳浓度会促进菌柄的增长，抑制菌盖的生长，有助于提高金针菇的商品价值（金针菇的可食部分主要为菌柄）。白色金针菇无论在菌丝培养或子实体形成阶段，所需氧气量均比黄色品种高。

4. 湿度

金针菇为喜湿性菌类。菌丝生长要求培养基含水量达65%~68%，空气相对湿度达70%左右。湿度过大发菌慢，污染率高，若湿度超过95%，则易发生病虫害，且引起子实体腐烂。出菇阶段，空气相对湿度以85%~90%为宜。

5. 光线

金针菇属厌光性菌类。菌丝在黑暗条件下能正常生长，但全黑暗条件又难以形成子实体原基。子实体的正常生长则需要弱光的诱导，在弱光下产生的菇盖、菌柄颜色浅，且柄的基部无绒毛和色素，品质好。若光照过强，则菇体柄短肥矮，并促使菌柄组织纤维化、早开伞、菌柄变成棕褐色,降低商品价值。白色品种(即乳白色品系)在强光下色泽变化不明显。但无论是黄色品种还是白色品种,在较强散射光下均有促进菌柄增粗的趋势,对提高质量有不利影响。根据金针菇对红黄光敏感的特性,为提高商品价值,出菇时菇房内以红光(红色灯泡)做光源较为稳妥。

6. 酸碱度

金针菇适合在弱酸性环境下生长。菌丝生长的 pH 为 5~8,最适 pH 为 5.4~6.5;子实体生长的 pH 为 4~7.2,最适 pH 为5.4~6.2。

四、菌种制作

(一)母种制作

1. 母种来源

引种或自己分离培养。无论是引种还是自己分离培养菌种,均要选用优良菌株。较理想的菌株有以下一些品种。

(1)FV-088:由河北省科学院微生物所引进的低温型菌株,出菇温度 5℃~10℃,适宜北方冬季栽培。出菇整齐,不易开伞,产量高。整株乳白色,质嫩脆,味鲜美,商品性好。

(2)F-8909:由福建省三明市食品工业研究所引进筛选的菌株。属低温型菌株,子实体洁白有光泽,不易开伞,适于鲜销和盐渍及冷冻出口。

(3)三明1号:由福建省三明市真菌研究所从野生种分离选育。属中温型菌株,对温度适应性广,出菇温度 4℃~23℃,出菇期长(11月至翌年4月)。产量高,品质好。

(4)万针8号:由四川梁平科研所从野生金针菇分离选育。属中偏低温型菌株,子实体丛生,白色,生长整齐,菌柄粗细均匀。高产,抗杂。

(5)F12-3:是四川成都第一农科所引进筛选的优良菌株。菇体浅乳白色,单株重,柄粗,不易开伞,产量高,适于鲜销和制罐头。

（6）华金 11、华金 14：是华中农大应用真菌研究所从国内外引进的 29 个不同生态型菌株中选育出的高产优质菌株。华金 11 适于 8℃~12℃ 出菇，华金 14 适于 10℃~15℃ 出菇。两个菌株的菇体均为淡黄色，菌盖小，柄粗细适中，抗逆性强，产量高，生物学效率 103%~110%，适于鲜销和制罐头。

（7）F－8（昆研 F－908）：是原商业部昆明食用菌研究所选育的一个较耐高温的菌株，能在 15℃~26℃ 下正常出菇。具有发菌快，出菇早，产量高，抗逆性强等优点。颜色金黄，质地脆嫩，纤维质较少，菇质好。

（8）杂交 19：是福建省三明市真菌研究所郭美英（1993）用多孢杂交法，将日本信农 2 号（白色品种）和三明 1 号（黄色品种）杂交育成的优良菌株。具有双亲优良特性，菌丝生长快，出菇早，生产周期短（85 天左右），抗逆性强，无畸形菇，品质好。栽培性状稳定，是目前国内栽培金针菇的当家品种之一。

（9）F4：是南昌大学生物工程系罗华明等（1997）用三明 1 号与日本 C_H（纯白色）为亲本杂交培育而成的一株中温型白色高产新菌株。抗逆性强，适合多种原料栽培。

2. 培养基配方

金针菇斜面试管培养基配方可选用以下几种：

（1）马铃薯蔗糖琼脂培养基（PSA）。

（2）马铃薯葡萄糖琼脂培养基（PDA）。

上述培养基中可添加维生素 B_1（或维生素 B_2）0.1%。

（3）日本培养基：洋葱 100 克，酱油 30~35 克，琼脂 15~25 克，蔗糖 30~50 克，水 1000 毫升。

（4）麦芽浸膏酵母琼脂培养基：麦芽膏 3 克，酵母膏 3 克，葡萄糖 10 克，蛋白胨 5 克，琼脂 20 克，蒸馏水 1000 毫升。

3. 培养基配制

按常规进行。

4. 接种培养

将引进或分离的菌种按无菌操作接入配制好的斜面培养基

上,置24℃左右下培养,待菌丝长满斜面即为扩繁母种。

(二)原种和栽培种制作

1. 培养基配方

原种和栽培种均可选用以下配方:

(1)木屑(或甘蔗渣)73%,米糠(或麸皮)25%,碳酸钙1%,糖1%,料水比1∶1.5。

(2)棉籽壳88%,麸皮(或玉米粉)10%,碳酸钙1%,糖1%,料水比1∶(1.3～1.6)。

2. 配制方法

按常规方法配料、装瓶(袋)灭菌。

3. 接种培养

将培养好的母种,按无菌操作接入灭菌冷却至30℃以下的瓶或袋中,置24℃干净的培养室发菌。经30天左右,当菌丝长满瓶袋即为原种或栽培种。如无污染,即可使用。

五、常规栽培技术

金针菇常规栽培,多采用袋料袋栽法。

1. 栽培季节

金针菇属于低温结实性菌类。一般品种的菌丝生长适温为20℃～23℃,出菇温度为8℃～12℃,原基形成的最高温度黄色品种为19℃,白色品种为17℃。在适宜条件下,从接种到菌丝生理成熟,黄色品种为45～50天,白色品种为55～60天。

根据上述温度及培菌时间要求,目前国内的金针菇生产多在自然条件下进行,因此一般只能栽培一季。长江流域,一般始出菇期以安排在大雪前后为宜,秋分时开始制袋期。黄色品种,一般以10—11月接种为宜;乳白色品系接种期应相应推迟1个月左右。黄河流域,适当提前1个月接种为宜。东北地区,入秋后气温下降快,适合金针菇子实体生长发育的季节很短,可利用保护地(即大棚)或人防工事(地下室)进行栽培。白色品种较黄色品种不耐高温,更适合低温下生长,因此,批量栽培白色品种时,应从一般确定的制袋始期,再推迟1～2个节气进行制袋。各地应根据当地气温变化趋势灵活安排生产,才能获得高产优质商品菇。

2. 原料配方

袋料栽培金针菇的配方很多,现介绍以下30种供各地因地制宜选用。

(1)棉籽壳48%,玉米芯(粉碎,下同)40%,玉米粉5%,麸皮5%,过磷酸钙1%,石膏粉1%,另加恩肥少许。

(2)棉籽壳40%,木屑30%,麸皮20%,糖10%。

(3)棉籽壳40%,木屑35.5%,麸皮20%,石膏1%,过磷酸钙1%,石灰粉1%,糖1%,尿素0.5%。

(4)棉籽壳40%,木屑37.5%,麸皮15%,玉米粉5%,另加石膏1%,碳酸钙1%,石灰0.5%。

(5)棉籽壳62%,木屑10%,麸皮12%,玉米粉10%,糖1%,磷肥2%,石膏1%,石灰粉2%。

(6)棉籽壳35%,木屑35%,麸皮20%,玉米粉5%,菜籽饼粉5%。

(7)棉籽壳40%,木屑16%,麸皮12%,蚕豆壳16%,玉米粉10%,糖1%,磷肥2%,石膏1%,石灰2%。

(8)棉籽壳50%,玉米芯35%,麸皮10%,糖1%,石膏2%,石灰2%。

(9)木屑70%,麸皮24%,玉米粉3%,糖1%,石膏1%,另加尿素1%。

(10)木屑43%,谷壳29.5%,麸皮25%,糖1%,石膏1%,尿素0.5%。

(11)松木屑73%,麸皮25%,糖1%,石膏1%。(松木屑须预先经过石灰水浸泡,蒸煮或发酵等处理,除去芳香族烯萜类等影响菌丝生长的有害物质后才能使用)

(12)甘蔗渣73%,麸或米糠26%,糖1%。

(13)甘蔗渣70%,麸皮或米糠25%,玉米粉3%,糖1%,碳酸钙1%。

（14）甘蔗渣34%,棉籽壳35%,麸皮27%,玉米粉43%,另加糖1%,碳酸钙1%,尿素0.6%,硫酸镁0.2%,磷酸二氢钾0.2%。

（15）玉米芯88%,麸皮10%,糖1%,石膏1%。

（16）稻草（切短或粉碎,下同）95%,石膏1%,过磷酸钙2%,石灰粉1%,尿素1%。

（17）稻草80%,米糠20%,另加白糖1%,石膏1%,过磷酸钙1%。

（18）稻草49%,玉米芯49%,糖1%,石膏1%。

（19）稻草50%,木屑21%,麸皮25%,糖1%,石膏1%,过磷酸钙1%,石灰1%,另加尿素0.5%。

（20）稻草50%,稻壳粉23%,麸皮25%,糖1%,石膏1%。

（21）麦秸73%,麸皮25%,糖1%,石膏1%。麦秸要切成长3～4厘米段,浸入1%石灰水中4～6小时,捞起沥干水分备用。

（22）豆秸（粉碎成粒）70%,麸皮25%,玉米粉5%,另加糖1%,石膏1%。

（23）高粱壳50%,高粱壳粉48%,石膏1%,过磷酸钙1%。

（24）花生壳（粉碎,下同）68%,麸皮30%,糖1%,石膏1%。

（25）油菜籽壳40%,统糠33%,废棉（棉花加工弹出的杂物）25%,石膏1%,石灰1%。

（26）葵花籽壳50%,葵花籽壳粉30%,米糠20%。

（27）芦苇叶88%,麸皮10%,糖1%,石膏1%。

（28）花生壳38%,玉米芯30%,麸皮25%,玉米粉5%,糖1%,石膏1%。

（29）酒糟（晒干）40%,棉籽壳40%,麸皮20%,另加糖1%,石膏1%,石灰2%,磷酸二氢钾0.2%。

（30）甜菜渣99%,石灰1%;或甜菜废丝78%,麸皮20%,过磷酸钙1%,石膏1%。

以上配方可因地制宜就地取材,选用当地资源丰富的原材料做培养基主料。其中玉米粉内含有生物素 H,对提高金针菇产量有明显效果。有条件的在每个配方中均可加入 3% ~5% 的玉米粉。培养基含水量均以60% ~65% 为宜。此外,培养料的选择还要尽量适应不同品系的特性,如乳白色品系产量集中在第一潮菇,因此应选用前劲较足的甘蔗渣为主料的配方;而黄色品系的产量集中在中后期,则宜选用后劲足的棉籽壳为主料的配方,以利高产。

3. 培养料配制

任选以上配方一种,先将不溶于水的物质干混均匀,再将可溶性辅料溶于水中制成液体,并加水稀释,分次洒入培养料中混匀或用搅拌机搅拌,堆闷 1 小时左右,使培养基充分吸水,或将多余的水析出(最好不要多加水,以免养分流失),装袋前以培养基含水量65% 左右为宜。

4. 装袋、灭菌

栽培金针菇的塑料袋选用较长的袋为宜,因出菇时可拉直袋膜,成为袋筒,以利出优质菇。一般选用17 厘米×33 厘米,或者8 厘米×35 厘米长的低压聚乙烯袋装料。先将袋的一端用塑料片扎紧(空出 5 ~8 厘米长,以利将来两头出菇),装入培养料时左手提袋口,右手食指和拇指将袋底两角塞入,随即将料稍压实,以使料袋能够直立,再向袋内继续装料,并用直径 2 ~2.5 厘米的尖头圆木棒插入料袋中心,沿棒四周边填料边压实,装料高度达16 ~ 17 厘米时抽出木棒,以利接种和发菌。此法与料袋扎孔法相比,接种后菌种能在袋面和穴内同步生长,可加快发菌速度。装完料后捏紧袋口,套上套环,将袋口向外翻折下,塞上棉塞灭菌。一般采用常压灭菌。因料袋体积较大,灭菌时间要适当延长。在 100℃下维持 10 小时即可。

5. 接种与培菌

(1)接种要求。灭菌后待料温度冷却至30℃以下时,按无菌操作接入金针菇栽培种(少量栽培时也可直接接入原种)。金针菇菌种是由单一菌丝构成。为缩短发菌期,减少污染,并使栽培袋同步出菇及出菇整齐,接种量比常规要增大,且可在菌袋两头同时接入菌种,以利菌丝尽快萌发封住料面。接种后塞上棉塞,并将菌袋摇动几下,以使部分菌种落入预留的接种穴内,另一部分菌种尽量均匀布于料面。这样,菌种即可在袋内和表面同步蔓延,加快发菌速度。

(2)培菌管理。接种后将菌袋置于发菌室的地面或培养架上进行培菌管理,具体要求主要是调控好温度、湿度和光照度。培养初期,发菌室温度应控制在20℃~23℃。培养中期,由于袋内菌丝新陈代谢旺盛,袋温可升高2℃~3℃。若此时外界气温较高,对于重叠堆放过高的菌袋仍有"烧菌"的可能。因此,在早秋气温较高时培菌,栽培袋的排放不能过高或过密,夜间还应适当通风换气,以免高温烧菌。同时,培养室内的空气相对湿度应保持在60%~70%,如湿度过低,菌袋易失水,培养基表面干燥,不但影响菌丝萌发定植,且易导致线虫类杂菌滋生。培菌期间,培养室只需微弱的散射光线,要避免强光直射。在适宜的条件下,一般培养30~35天,菌丝即可长满袋料。再继续培养15天(黄色品系)至20天(白色品系),菌丝即可达到生理成熟。此时应给予适宜的弱光照,以诱导原基分化,室内可用15瓦灯泡,每天开灯1小时,连续7天左右,当菌袋表面出现淡黄色水珠时,便进入出菇管理阶段。

6. 出菇管理

金针菇出菇期的管理要抓好以下几方面的工作。

(1)降温催蕾。当原基形成后,将菇房温度降至4℃~6℃,使菌袋受到低温刺激,促进菇蕾形成。菇蕾形成后不要立即开袋出菇,继续培养5~7天,让袋内二氧化碳浓度增高,促使菇柄迅速伸长,从而抑制菌盖展开(有利提高菇质),形成高低不齐的尖头菇蕾,以便进入抑蕾阶段。

(2)适当抑蕾。抑蕾可使菇蕾基部分生更多侧枝,形成整齐密集、菌柄挺直的子实体(黄毅先生称此为"再生法")。其方法是降温、降湿,使菇房温度降至4℃~6℃,空气相对湿度降至75%,

并适当通风(自然吹风或机械吹风),迫使菇蕾失水萎蔫。萎蔫至手掌触摸有轻微针刺感即可。然后在袋面覆盖湿布,让萎蔫菇蕾基部吸湿复原,经3~4天,菌袋内又重新形成密集的菇蕾,并且高低近一致。

(3)适时拉袋。拉直袋口的目的是增加袋内二氧化碳浓度和空气相对湿度,促进菌柄伸长,提高商品菇品质。抑蕾后,待新形成的菇蕾长度达4~5厘米时,即可拉直一端或两端,一端出菇的将袋直立于地面或床架上出菇,两头出菇的平放于地面或床架上出菇。拉袋口要适时,过早或过迟均会造成菌袋中间菇蕾因缺氧而不能充分发育,影响产量。拉袋时要使袋口完全挺直,否则会缩小出菇面积而降低产量。

(4)弱光保色。金针菇的色泽,在很大程度上决定其商品价值的高低。黄色品种对光线极为敏感,经黄毅等人试验,菌丝生理成熟后,若菌袋一直处于强散光(100~500勒克斯)下诱导出菇,菇蕾形成的数量仅为弱光(50勒克斯以下)催蕾数量的1/10~1/3,且前者菌柄明显增粗和单丛鲜菇明显减少。进入抑蕾期后,随着散射光强度的增加或照射时间的延长,菇体颜色从淡黄色转为浅褐色,菌柄基部更为明显。这严重影响商品外观。因此,在抑蕾或出菇阶段,菇房内的散射光强度应控制在10勒克斯以下(黄色品系适于25瓦灯泡,白色品系适宜15瓦灯泡,每间菇房一个灯泡即可)。此外,金针菇还具有强烈的向光性,因而菌袋不应移动,光源应尽量固定在菇房高处,否则菇柄会出现扭曲现象而形成"软菇"。

(5)适湿保质。金针菇鲜菇含水量高达90%。出菇时,菇房空气相对湿度低于80%时,菇盖明显出现皱褶,影响菇体生长和鲜菇重量。但菇房空气相对湿度高于92%时,随着温差的变化容易使菇盖表面出现水渍状的"水菇",同时还易导致软腐病和褐色斑点,影响产量和质量。因此,空气相对湿度以保持85%~90%为宜。

(6)综合管理。金针菇发育的任何阶段,都离不开温湿度、气

(氧)、光等条件,但不同发育阶段需求重点不同。如抑蕾期结束后进入快速生长期,对氧的需求增加,此时若通风换气不足,袋内空气湿度偏大,就会出现菇上长菇,菌柄褐变,并产生"水菇"而完全失去商品价值。但通风过量,又会出现菌盖不张开等现象(白色品种较黄色品种需要更大通风量)。如室温高于15℃,易开伞;温度在10℃左右,菇体生长发育慢,但菇质好。菇房湿度也应根据菇体生长情况,菇房层架数及天气晴阴状况等灵活掌握。一般情况下,当菇柄长度为10~12厘米以前不要喷水,或酌情向地面适量洒水,以保持空气相对湿度85%为宜。每次喷水后均应通风20分钟,使菇蕾表面水珠消失,切不可喷"关门水"。沿海地区及湿度较大的地方,为保证菇质,也可不喷水。

7. 采收及采收后管理

当菇柄伸长至15~18厘米时即可采收。采收第一潮菇后,用搔菌耙(图1-2)耙去菌袋表层的老菌丝,并重新套上套环和塞上棉塞,让菌丝恢复生长,10天左右又可形成第二潮菇蕾。出菇管理如前所述。一般情况下,黄色品种可先后采收3~4潮菇,产量集中在前两潮,约占总产量的80%,每袋产鲜菇300~400克。白色品种产量较低,通常只采收两潮菇,每袋产鲜菇250~370克。采收一、二潮菇后,对明显失水过多的菌袋要进行补水。补水方法是向菌袋内侧灌入200毫升左右的干净水,待2小时后将余水倒出,不能让菌袋内积水,否则易引起菌丝自溶,也易导致发生绿色木霉等感染。

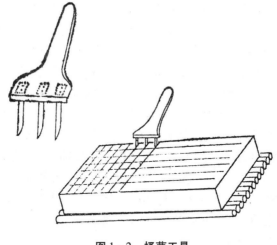

图1-2 搔菌工具

六、病虫害防治

金针菇在制种和栽培过程中,均易遭受病虫的侵入,如防治不力,往往遭受严重损失。现将有关病虫危害情况及防治方法分述如下。

(一)常见病害及其防治

1. 常见病害及危害症状

在发菌期间,培养料和菌丝体易受毛霉、木霉和曲霉等杂菌污染。在出菇期,如气温突然升高,或较长时间持续在18℃以上,就易受异形葡枝菌霉、拟青霉、假单孢杆菌危害[图1-3(1)、图1-3(2)]。受异形葡枝霉侵染后,菇柄基部初期呈深褐色水渍状斑点,后病斑逐渐扩大变软腐烂,其上可见灰白色棉絮状气生菌丝。如果气温在18℃以上,则病斑迅速向上扩展,最后使成批菇体倒伏腐烂(俗称软腐病)。当菇体有机械损伤或有被害虫咬破的伤口,就易受假单孢杆菌的入侵,病斑多发生在菌盖边缘,呈圆形或椭圆形,褐色,外围色较深;菌柄上的病斑菱形或椭圆形,褐色,有轮纹,可连成一片,布满整个菌柄,使菌柄变成深褐色,质软弯曲,最后整株死亡腐烂(俗称褐腐病)。当菌柄基部受拟青霉侵染后,菌柄基部变黑褐色腐烂,往往成丛发生,使子实体倒伏。

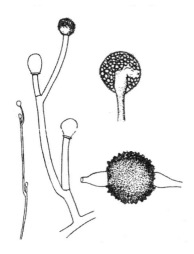

A. 毛霉菌

康氏木霉

绿色木霉

B. 木霉

图1-3(1)　几种危害金针菇的杂菌

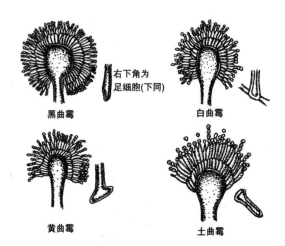

C. 曲霉(引自《菌种保藏手册》)

D. 金针菇异形葡枝霉病

E. 金针菇拟青霉病

图1-3(2)　几种危害金针菇的杂菌

2. 防治方法

(1)合理安排生产季节,适当推迟接种期,使出菇期能避开18℃以上的温度;

(2)搞好菇房及周围环境卫生,减少污染源;

(3)在管理中避免菇体受到机械损伤,减少病菌入侵的途径;

(4)搞好虫害防治,不使害虫咬破菇体,以免受病菌危害。

(二)常见虫害及其防治

1. 常见虫害及危害症状

金针菇在制种期间,易受印度谷蛾危害。谷蛾幼虫初期取食菌种表面菌丝,继而向菌种内部移动,使培养基形成浅黄色隧道,5天后进入暴食期,菌种培养基内出现大小不一的空洞,并吐丝结网,排出带臭味的红色粪便。危害严重的菌丝被食光。

2. 防治方法

(1)菌种培养室要远离粮食仓库;

(2)门窗要加装纱窗,防止成虫飞入;

(3)成虫盛发期,培养室每5天喷一次敌敌畏乳油1000倍液杀灭;

(4)幼虫初期为害,可用注射器向病害处注入1000倍液敌敌畏乳油进行杀灭。

(三)白色金针菇病虫害及其防治

白色品系金针菇的病虫害与黄色品系的病虫害既有相同点,也有不同之处。近年来发现白色金针菇的病虫害有细菌性斑点病、根腐病,以及青霉、胡桃肉状杂菌、菇蝇、尖眼蚊、螨类危害等(图1-4)。以"江山白菇"为例,现将其病虫害及防治方法分述如下:

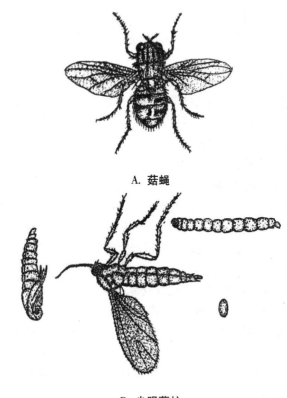

A. 菇蝇

B. 尖眼蕈蚊

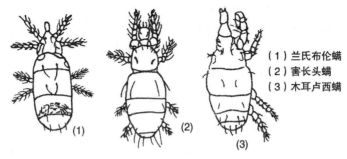

（1）兰氏布伦螨
（2）害长头螨
（3）木耳卢西螨

C. 螨虫

图 1-4　危害金针菇的害虫

1. 细菌性斑点病

（1）症状及发病原因。这是一种由荧光假单孢杆菌引起的细菌病。病症局限于菌盖上，在盖上产生黑褐色的斑点。当凹陷的斑点干后，有时菌盖开裂，还会形成畸形子实体。菌柄上偶尔也会发生，但菌褶很少受到侵染。这种细菌性斑点病是高温高湿条件下发生的一种病害。潮湿不透气，菌丝纤弱，极易产生斑点，菌盖变黑而影响商品价值。菌盖表面的水分与发病有很重要的关系，因此，在栽培过程中，要注意控制水分，相对湿度不能过大。天冷时，不能用冷水直接喷在菌盖上，这样也容易产生此病。

（2）防治方法。在100千克水中加入漂白粉150克或土霉素0.25克，可杀死病原菌。

2. 根腐病

（1）症状及发病原因。根腐病是湿度比较高时最容易发生的细菌病。一般在温度18℃以上时发生。发病初期，在培养基表面渗出白色混浊的液滴。这种液滴多时会积满整个袋子内面。培养基水分过多是发生此病的主要原因。得了根腐病的白色金针菇，最初是麦芽糖色或呈半透明，后菌盖变成黑褐色，最后不但停止生长，而且长成的金针菇会干枯而死。

（2）防治方法。发生根腐病后，病袋要立刻拿除或烧掉，以免感染其他袋，同时，要使室温下降，并通风换气使之干燥。用0.1%漂白粉或土霉素药液喷杀。

3. 青霉

（1）症状及发病原因。侵入江山白菇的青霉，是搔菌以后发生的。一般在温度过高时出现，青霉大多长在菌盖的表面，在菌柄上偶尔发现。染上青霉的江山白菇半途即会枯死（图1－5）。

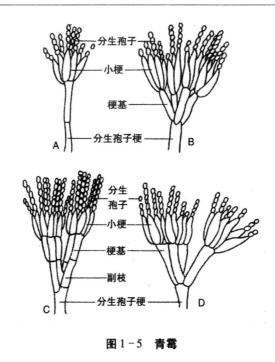

图1-5 青霉

(2)防治方法。对长了青霉的袋料应立刻移出栽培室。处理后,一般还可以长出菇来。

4. 胡桃肉状杂菌(图1-6)

(1)症状及发病原因。属竞争性杂菌。未见金针菇发生此病的报道。此病发生在袋料内,高温(23℃以上)、高湿、菇房通风差的情况下容易发生,迅速蔓延。始发时出现短而浓密的白色菌丝体,一方面产生大量的分生孢子;另一方面形成开料袋,肉眼可见类似胡桃肉状的子囊果,不能出菇,造成绝收。

(2)防治方法。严格选用菌种,发现袋料内有胡桃肉状杂菌,停止喷水,待料面干燥后挖去胡桃肉状子囊体,将室温降到16℃以下,再按常规管理,轻者仍可正常出菇;发生过此病的菇房,应坚持使用1∶800倍多菌灵溶液进行环境消毒。拌料加0.1%的多菌灵,可根除胡桃肉状杂菌的危害。

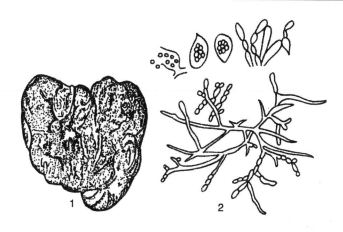

图1-6　胡桃肉状杂菌

1. 子实体　2. 菌丝体、子囊及子囊孢子

5. 虫害

（1）症状及发病原因。危害江山白菇的害虫，主要有三种：菇蝇（小苍蝇）、尖眼蕈蚊（小黑蚊子）、螨类（菌蚤）。上述害虫在温度升高时，发生特别厉害，螨虫的体型小，白色或黄白色，透明、光滑，表面有很多刚毛。在江山白菇原种瓶里也可发现，吃江山白菇的菌种。气温高时栽培袋里经常发现，气温低时，发生较少。影响江山白菇子实体的形成和生长。

（2）防治方法。在菌丝生长蔓延期间，只要成虫飞出就要用杀虫剂来防治。敌敌畏是理想药物，灭害灵或溴氰菊酯都可以用。一旦有菇蕾发生时，就要停止使用。

防治措施：首先要搞好菇房卫生，特别是要清除烧毁废弃物。每周使用杀螨剂：克螨宝（2000～4000倍液）或80%敌敌畏（500～800倍液）喷杀防治很有效。

6. 综合防治

袋栽江山白菇培养料的营养丰富，很容易遭受霉菌污染。造成污染的原因很多，培养料消毒不彻底，塑料袋质量差、破损，接种时没有严格遵守无菌操作规程，菇房消毒不彻底，害虫携带霉菌孢子均可造成污染。

室内袋栽江山白菇的综合防治措施有以下几种。

(1)选用新鲜、没有发霉变质的原料,配方要合理,尤其是麦麸、玉米粉等辅料比例不能过大;培养料中加入1%~2%石灰和0.1%多菌灵(含量50%)可大大降低杂菌污染;选用质量较好的塑料袋,减少破袋率,提高成袋率;含杂质过多的木屑要过筛后配料,以防刺破袋壁,按照技术要求接拌料后6小时装好袋、进灶,4小时后达100℃,保持8~10小时,再闷一夜进行灭菌。

(2)接种箱的成功率比无菌室接种效果要好,不论采取何种方法接种,均应按要求用"菇保一号""5%石炭酸""甲醛加高锰酸钾"进行彻底消毒。

(3)菌种在使用前要认真检查有无霉菌和螨类污染。

(4)发菌期间及时检查,发现袋内发生霉菌,立即剔除,拿到室外,除掉霉菌重新装袋灭菌接种。

(5)袋内有病虫害出现,视不同病虫害,有针对性地用农药防治。菇蕾出现后慎用农药。

(6)保持培养室、出菇房环境清洁,不要把栽培废料丢在菇房附近,否则容易招致霉菌和螨类危害。出菇房在使用前要冲洗干净,用1000倍的敌敌畏或乐果溶液消毒,然后用菇保一号或甲醛、硫黄熏蒸。培养期间每隔一周用0.5%敌敌畏药液喷洒菌袋及地面。

(7)加强菇房管理,使温湿度稳定,空气畅通,为江山白菇生长发菌创造合适环境。

(四)金针菇畸形的发生及其防治

据河北省农科院理化所王朝江、池惠荣(2000)报道,金针菇畸菇的发生规律与害虫危害关系十分密切,害虫危害后金针菇呈菌盖粘连等多种畸形,使金针菇失去商品价值。因此,虫害是造成畸形的一个重要原因。

1. 畸菇类型

(1)菌盖粘连。金针菇多根子实体自柄至盖粘连成束,一同伸长生长。由于每根子实体生长不均衡,造成束状子实体扭曲变形和纵向撕裂。粘连的菌盖内无菌褶或严重残缺。此类畸形子实体丧失商品价值,等同绝收。

(2)蒺藜状菇。浓密的金针菇原基自贴生的料面处凸起,呈不规则半球状,其上着生稀疏的子实体,状如蒺藜果实。此类畸形子实体商品菇收获率低,减产严重。

(3)叠生菇。簇生的原基上又行一次或两次原基分化,摞起的簇生原基状如叠坐的罗汉。叠生子实体基部尖细易破落,柄长短参差不齐,商品等级低下。

(4)出菇瞎袋。端面菌丝失白变稀,开袋后久不出菇的菌袋。偶尔自料袋缝隙处挤出少量原基,但成菇多粗扁畸形,或瞎袋;而幼蕾受害等于致残,残缺的蕾要么吐黄水腐烂,要么发育成畸形菇。不同发育时期的蕾受害就会长成不同形状的畸形菇。

2. 防治措施

(1)慎选建棚场地,要求远离生活区。已在生活区建棚的要注意清除棚外围生活垃圾和污染废弃料,不堆放畜粪柴草。通风口要装 60 目的尼龙防虫纱。

(2)合理安排出菇季节,即尽量安排在 11 月下旬后出菇。11 月 25 日前气温不能稳定低于 10℃ ~13℃,仍有大量害虫活动,提前到 11 月 15 日前开袋的,自发菌期始应对害虫做全程预防,阻止发菌期侵入。除装隔虫纱外,还要间断地用 90% 敌敌畏 1200 倍液、50% 辛硫磷 2000 倍液、2.5% 溴氰菊酯 1000 倍液消灭袋内幼虫,阻止二期相遇。

(3)虫害致畸分期施治。因畸形不能逆转,若现蕾期发生大面积畸形,估计长大后也收获无几,此时应像搔菌样剔除全部原基,清理干净后,直接往料面喷施 2.5% 溴氰菊酯 1000 倍液,同时对棚内空间地面做预防性施药,喷药后做转潮催菇蕾管理。若畸形已处于菌柄伸长期,可根据畸形菇所占比例大小决定让其继续发育或就此净菇施药转入二茬。若畸形菇已长大,此时可根据袋内水分多少决定转二茬还是毁料再种。

七、优化栽培新法

（一）生料床栽法

金针菇在低温下可进行生料大床栽培。此法既可节省能源，操作工艺也较简便，很适合广大农村推广生产。现将有关技术要点简介如下。

1. 栽培季节

生料大床栽培金针菇，必须在低温下进行，因此很适合我国北方或其他地区冬季进行生产。因为是生料，又是床栽，不在低温下进行，就容易引起杂菌污染。

2. 栽培原料

所用栽培原料及配方如前所述。但原料一定要新鲜（木屑除外），无霉变、无结块。如选用棉籽壳、玉米芯等做主料，最好将原料在烈日下暴晒 2~3 天后使用，借助阳光中的紫外线杀死部分病菌和虫卵，以减少病虫害。

3. 消毒铺料

用 0.2% 的高锰酸钾溶液浸泡塑料薄膜，晾干后铺于栽培床架或地面，然后将制好的培养料铺于其上，料厚为 8~10 厘米，稍压实后播种。

4. 播种要求

选用低温型优质菌种（可引种扩繁），采用穴播与层播相结合的播种法，最后料面撒一层菌种。播种量为干料重的10%~15%。播完种后稍压实，使其呈龟背形。拉起床两侧薄膜轻轻覆盖于床面，交接处要重叠，但不能包裹得太严实，以利通风发菌。

5. 播后管理

播种 10 天后，检查一下发菌情况，若发现个别地方菌种未萌发，可掀动薄膜换气 10~15 分钟，以利增氧促进菌丝生长。以后每隔 2~3 天，中午短时间掀膜换气一次。经 40~50 天，菌丝即可发透培养料。

6. 催蕾出菇

菌丝发透后,每天揭膜通风 10 ~ 20 分钟,待菌床呈雪白色,并有淡黄色液滴出时,将薄膜拱起 20 厘米高,床面铺放旧报纸,每天向报纸喷雾保湿,进行催蕾。菌蕾形成后,维持薄膜内湿度 85% ~ 90%,并注意通风。当菇柄伸长至 15 厘米后,减少喷水次数,使床面上空气相对湿度降至 80% ~ 85%,防止菇柄因湿度过大发生褐色变或腐烂。

7. 采收与采后管理

当菇柄长至 18 ~ 20 厘米时即可采收。采收后清理床面,停水 3 ~ 5 天覆膜养菌,以利菌丝恢复生长。然后继续上述管理,诱导第二潮菇蕾形成。还可喷施营养液,采收第二潮菇后,培养基养料消耗较多,为提高产量,应适当补施营养液。营养液配方:在每 100 千克水中加入白糖 1 千克,尿素 0.5 千克,磷酸二氢钾 0.2 千克,硫酸镁 0.05 千克。现配现用,在揭膜通风 2 ~ 3 次后,出菇前每袋用此液 15 ~ 20 毫升分两次喷入袋面,以利表面菌料吸收。这样可提高产量 10% 以上。

(二)高产袋栽法

据河北省唐山市古冶区卑家店李威(1999)报道,金针菇高产袋栽要注意以下几点。

1. 菌种基质营养要足

根据金针菇菌丝易老化特点,在菌种制备上要添加一些营养物质。

(1)复壮母种培养基:土豆 200 克,麸皮 150 克,蛋白胨 5 克,磷酸二氢钾 3 克,硫酸镁 1.5 克,维生素 B_1 3 片,维生素 B_{12} 2 片,维生素 E 1 粒,琼脂 20 克,水 1000 毫升。采用此培养基能对金针菇菌丝进行良好的复壮,并能防止菌丝老化,转接原种萌发吃料快,产量高。

(2)原种培养基:高粱(或玉米粒)与棉籽壳各 50% 搭配使用效果较好,其中每 100 千克棉籽壳中添加 20 千克麸皮,1 千克石膏,2 千克石灰,20 毫升菇壮素,玉米粒等用 500 倍多菌灵液浸泡

3天,控去多余水分,和棉籽壳混匀使用。罐头瓶(或17厘米×33厘米菌种袋)做培养容器,常规装料、灭菌、接种、发菌培养。发菌期注意遮光、通风,室温25℃以下,发满后即可投入栽培使用。一般不扩制栽培种,而用原种直接栽培,但大规模生产,以制备栽培种较为经济。制备方法可参考原种的制作,培养料可单用棉籽壳制作栽培种。

2. 混合料制菌筒

多数技术资料都有介绍单一原料的配方。笔者采用多种原料混合使用的方法,不仅降低成本,而且效果良好,具体配方如下:棉籽壳65%,花生壳粉35%,玉米芯粉5%,麸皮5%,另加多菌灵0.1%(50%可湿性粉剂),菇壮素10毫升。将料拌匀,使含水量保持在60%,装入17厘米×38厘米低压聚乙烯袋中,袋两端用塑料绳扎紧,用常压灭菌灶灭菌;温度达100℃时,保持4小时后停火;闷一夜后,取出搬入事先冲洗干净的接种室。

3. 接种发菌

待料温降至25℃以下,在接种室空间内喷雾强氯消毒片液,然后进行开放式接种。接种量掌握在使菌种盖满料面为宜。接种以后用消毒的细针在接种处扎十几个孔,保持菌种有足够的氧气,排除废气。搬入发菌室发菌,发菌期室温控制在25℃以下,遮光。室温不宜波动太大,不可长期低温,以免影响发菌、过早长菇或直接影响产量。要定期通风换气,保持室内干燥,一般30天左右菌丝可长满全袋,进入出菇阶段。

4. 出菇管理

出菇阶段的管理是高产的关键,其具体要求如下。

(1)弱光诱蕾。当菌丝长满袋后,移入出菇室码放,降温至15℃以下,给菌袋以弱光刺激,诱发早现蕾;菇蕾出现后不急于解开袋口,让菇蕾继续生长,直到幼菇长满袋后,打开袋口拉直料筒多余薄膜,盖上薄膜或旧报纸,保持室内干燥3天左右,然后提高室内相对湿度至85%左右,降温至12℃以下进行催菇。

(2)喷施营养液。当幼菇长至3～4厘米时,每隔1～2天喷施一次营养液(如高美施、菇壮素等),并加入少许维生素 B_1、维生素 B_2,可明显提高产量。

5. 采收与后期管理

喷营养液后适当通风,12 天左右即可采收。采用上述方法袋栽金针菇,头潮菇的生物效率可达 200% ~ 230% ,一般袋也在150% 以上。采收头潮菇后,清除菇根养菌 3 天,每 2 天喷一次营养液或植物生长调节剂,可促进第 2 潮菇的出现。管理方法同上。

(三)白色金针菇高产袋栽法

据江苏省铜山县农业局王儒堂(1997)报道,在推广白色金针菇栽培技术方面取得了一些高产经验,现介绍如下。

1. 制袋技术

(1)栽培原料。主料为杂木屑、棉籽壳、玉米芯等,辅料为麸皮、玉米粉、豆饼料等。

(2)选用优良菌种。选用的白色金针菇菌株为 8CA,其优良的性状表现为:①出菇旺,分枝强,菇体优,生物学效率不低于100% 。②菌种在发透菌 7 ~ 10 天后(即启用时),掂起来沉甸甸的,水分、养分充足,不因菇蕾出现而失水和衰老。③菌种在发菌吃料阶段无污染。

(3)抓好主料前发酵。白色金针菇对木纤维分解能力弱,选用粗木屑、碎玉米芯、棉籽壳等做主料时,应进行前发酵处理。具体做法:新鲜树木(除松、杉、柏、樟、楠等树种)的木屑在夏季需堆积 3 个月,在此期间约 15 天要翻堆一次。脱粒后的玉米芯应先晒干,经粉碎后泼水堆肥 5 ~ 7 天,每隔 2 ~ 3 天翻拌一次。棉籽壳预湿后堆积一夜或一整天即可,经前发酵的栽培料变得比较柔软、疏松,可提高持水能力,利于菌种萌发、吃料,菌丝生长浓白、粗壮。发酵料用于制作熟料栽培袋,其辅料(如玉米粉、麸皮、豆饼粉)不参加发酵,在装料前拌入后随即装袋灭菌。

(4)抓好高肥、高氮的栽培料配制。白色金针菇是喜富养、喜高氮的菌类,在100千克干主料中,需添加新鲜麸皮25千克,玉米粉8~10千克,豆饼粉1~3千克,以加富碳、氮营养。金针菇是天然维生素E缺陷型菌类,玉米面不仅是天然维生素E含量较高的基质,还含有较多生长素,因此栽培白色金针菇的培养料多添加些玉米粉,出菇时长势旺,密度大,分枝多,产量高。另外,磷酸根离子和镁离子是白色金针菇菌丝生长和出菇的重要元素,在培养料中添加硫酸镁和磷酸二氢钾各0.6千克,不仅能促进菌丝生长,而且有利于营养的积累,使金针菇出菇快,产量高。

(5)提高栽培袋培养料容量。装袋时捣紧培养料,不仅可以排除料内空气,减少污染概率,而且可多聚积培养料养分,增加单位体积内菌丝体数量,提高生物效率。装袋操作时应注意以下几点:

①玉米芯要粉碎成玉米粒或蚕豆粒大小,填充1/3的粉料(如木屑等)。

②圆盘锯、带子锯下的木屑粒太细,不宜单独使用。

③用棉籽壳做主料时,需添加10%~20%的陈木屑,一则可改变培养料物理性状,二则在蒸汽灭菌时可吸附培养料中释放出的有毒气体。

(6)提高栽培料用水量。金针菇是喜湿性菌类,白色种对湿度要求更高,其表现在二潮菇时尤为明显。鉴于金针菇自出菇到采收都不宜向菇体上喷雾,而金针菇适宜在水分充足的培养料上生长并加快营养吸收。因此,拌料时与其他菇类相比需相对加大用水量。由于培养料用水量大,使金针菇在二潮时仍达到适宜出菇的含水量,以确保后劲足,产量高。配料时最佳用水量,可用手紧捏料测试,以指间能滴出4~5滴水为宜。

(7)避免料袋灭菌后空气交换。袋装的料比较松,料面空间大,灭菌后搬运过程中产生袋内外空气交换而易污染杂菌,因此,装料时应尽可能捣紧。扎口线要紧贴料面,可先采用褶叠扎口,待接种后再扎成喇叭口。若采用套颈圈加棉塞封口,颈圈也必须紧挨料面。

（8）讲究用种方法。原种培养一般需 35～45 天，其上层菌种的菌龄过长，失水干缩，用于繁殖生命力下降，发菌缓慢，抗污染能力弱，因此，袋装菌种应用烧红的刀片划掉袋底，瓶装菌种则应敲去瓶底，从下部开始启用菌种，对表面 2～3 厘米厚的一层菌种舍弃不用。

（9）严格无菌操作。接种时应严格按无菌操作在接种箱（室）内进行，动作应迅速，每隔 45～60 分钟必须重新消毒一次，以免杂菌感染。

（10）改善培养环境。菌种和栽培袋的培养处，必须保持通风、干燥，以减少杂菌基数，避免培养期间污染。

（11）装袋完毕，将料袋排立于地面并拉开袋口，再用喷壶来回喷一遍水（不必担心水分过多，多余的水会自行渗漏）。若料的上层疏松、干燥，则接下的菌种块发菌后吃料缓慢，而且后期会因表层缺墒而迟迟不出菇。

2. 育菇技术

优质白色金针菇的主要指标是：菇体白色，菌盖半圆球形，直径 1 厘米左右；柄长到 15～16 厘米时柄下部仍无大量气生菌丝。要达到这两个指标的技术关键如下。

（1）低温出菇。8CA 菌株出菇温度 4℃～25℃，但只有在 15℃以下才能育出优质菇。优质菇培养时期，播期应安排在 9 月中旬至 10 月中旬气温降至 15℃时。此时无论发菌半袋或全袋都可开袋催菇。

（2）轻搔菌慢催菇。要做到一次性出菇、均匀出菇、菇齐菇密，必须搔菌。因为在通气差、湿度过大的袋内，白色金针菇气生菌丝旺盛，气生菌丝不仅不具分化能力，而且阻碍基质内菌丝的分化。搔菌时应掌握以下两点：

①气温降到 15℃以下。

②发菌深度离料面 5 厘米以上，培养时间 7～10 天，此时表层菌丝已积累了丰富营养。

（3）搔菌方法：

①轻轻刮去料袋表面的气生菌丝。不可触动栽培料。

②以刮掉接下的菌种块为宜。

（4）搔菌后的管理：

①搔菌后立即码垛，地面洒足水，覆上地膜保湿催菇。

②白色金针菇出菇速度缓慢，且对空气湿度条件反应敏感，所以操作时既要防止通气过猛使料面失水干燥，又要防止通气差而空气湿度大使气生菌丝疯长。具体需掌握以下要点：

a. 地面多洒水，提高空气湿度，抑制料面水分蒸发。

b. 拉开披膜，半披半掀，24 小时保持空气新鲜，但要防止直接吹料面。

c. 弱光培养（以不能看报为准），强散光会抑制子实体分化。

白色种在催菇前的 7～10 天就应进入弱光环境，保持 7～15 天菇蕾即大量发生，否则将推迟出菇。出菇后，还要继续弱光管理，以促使边分化、边分枝，直到长高至 5 厘米左右时，进行锻炼壮菇。

（5）锻炼壮菇。锻炼壮菇是培育优质菇的关键，应掌握的标准和方法是：菇体长到 5 厘米高时地面停止洒水，降低空气湿度，掀去披膜，增加室内亮度，使菌盖、菌柄、柄基部及料面水分缓缓蒸发。一般保持2～3 天，以手触摸菇体没有水分为准。锻炼后的驯化拉长阶段，料面不再继续出菇。基部也不再分枝，无效菇减少，柄下部也不易出现气生菌丝。此阶段由于掀去了披膜，加强了通气，光线明亮，子实体生长优势便转向了柄粗、盖厚，菇体健壮，为驯化拉长做好了物质准备。

（6）驯化优质菇。锻炼结束后，地面停止洒水，保持弱光环境，压紧披膜四周，使代谢产生的二氧化碳不断增加，抑制菌盖生长，刺激菌柄伸长，保持 10～15 天，菇长到 15～16 厘米长时即可收获。

（四）白色金针菇高产棚栽法

据河北省科学院微生物研究所杨秀兰、赵占国、魏亚新（1997）报道，随着出口量的增加，白金针菇栽培技术日益受到菇农的青睐。但由于纯白金针菇在温湿度、需氧量、耐光性、发菌、出菇等方面都与黄色金针菇有一定的不同,一些人对其栽培技术尚未真正掌握,故致产量低,质量差,达不到真正的出口标准。根据实践,纯白色金针菇高产棚栽要抓好以下几个方面工作。

1. 栽培时间

白色金针菇属低温型品种,菌丝生长适温 18℃ ~ 20℃,菇蕾形成适温 10℃左右,子实体生长适温 5℃ ~ 8℃。据此三个"适温",北方一般适宜在 10—11 月接种,11 月下旬至翌年 2 月出菇。接种过早,污染率高;接种过晚发菌慢,推迟出菇或出菇不整齐。

2. 菇棚设置

北方地区以设置半地下式菇棚(图 1 - 7)为适宜。地上菇棚易受外界低温影响,而地下式菇体含水量太大,不利于保鲜和出口。菇棚应采取半地下式,坐北朝南,菇架排列顺风向,架间宽 70 厘米,走道两端应设通气孔。这样保温保湿性能好,换气缓慢而均匀,光线微弱而可调,非常有利于发菌出菇。

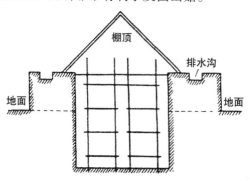

图 1 - 7 半地下式菇棚纵截面示意图

3. 基质配方

白色金针菇栽培原料可采用棉籽壳、玉米芯粒屑、豆秸粒屑、木屑等作为主料,但单一原料不如多种混合料生长好。含水量以 63% ~ 68% 为宜。一头出菇水分可大些,两头出菇水分可小些。

主料在拌料前一定要预堆预湿,为出菇贮存必要的水分。基质配方的辅料可采用15%～20%的麸皮、米糠、玉米粉多种组合(越新鲜越好),加入0.5%～1%石灰水,1%石膏,0.1%～0.5%糖,0.1%磷酸二氢钾,0.5%～1%碳酸钙。

4. 菌袋制备

装料的塑料袋规格为17厘米×33厘米。一头出菇或两头出菇均可。一般每袋装干料350～400克。装袋时料要外紧内松,尤其表面一定要紧,以利于保湿及防止周壁出菇。常压灭菌时间一般10～12小时。

5. 接种培菌

灭菌后取出料袋,移入接种室,冷却至30℃以下时,按无菌操作接入菌种,于培养室发菌。发菌温度以18℃～20℃为宜,最低不低于15℃。在菌袋培养后期,温度以20℃～23℃为宜,发菌期间要注意通风换气,适时解绳通气,让菌丝发足吃透,强化菌丝生理成熟。菌袋是纯白金针菇的发生载体,质量好坏直接关系到产量高低和品质优劣。优质的菌袋标准如下:

(1)料面偏实,不松散;

(2)料面平整,不凸凹;

(3)料面菌丝扭结好,浓密粗壮,不干燥,不失水;

(4)料面菌丝成熟一致,以利于出菇同步和整齐。

6. 出菇管理

发菌后要适时搔菌,转入催蕾阶段。所谓适时,一是看气温能维持在10℃～12℃;二是看菌丝长到2/3以上,至少不少于1/2,也就是说具备了出菇和长好一茬菇的内外条件才能搔菌。通过搔菌可使菌袋平整、出菇整齐、出菇快而旺盛。若搔菌后温度持续维持在12℃～15℃,虽然生长快,但质量差,不利于保鲜,达不到出口质量标准,所以搔菌后,温度控制在10℃左右为宜。

从搔菌到菇蕾发生经10天左右,此阶段袋口要半封(既保湿又透气),光线偏暗,空气相对湿度88%～90%,温度控制在10℃

左右,空气要新鲜,以全面促进菇蕾的发生。当菇蕾全面发生后,袋口撑大些,增加通风换气,适当增加光线,空气湿度降低到85%左右,温度控制在5℃~8℃;当金针菇子实体长到2厘米时,可撑圆袋口,袋口过长的,可挽回至离料面5~7厘米,待长到5厘米以上时再全部拉长,以利于菌柄伸长,控制菌盖增大。

7. 采收及采后管理

当菌柄13~15厘米,菌盖0.5~1厘米时即可采收。采收后需及时平整料面,去掉残根,视料内水分多少酌情补水,或注水,或灌水、喷水,但袋内不能有积水。而后收拢袋口,待个别现蕾后,再重复上述管理方法。约经3周又可采收第二茬菇。

(五)室外棚栽法

据浙江省开化县农科所、食用菌开发总公司陈哲贤、付家林(2000)报道,金针菇室外大棚出菇可解决菇房紧缺问题,而且菇质好,产量高。主要技术如下。

1. 场地选择及大棚设计

选择交通方便、近水源、通风良好的空旷地。首先清理净地面杂物,整平地面,开好四周排水沟。根据生产规模的需要,设计好大棚占地范围。大棚搭建要用肉质厚、粗细均匀的毛竹,先锯成长5米,再劈成宽3~4厘米的竹片。按南北朝向搭成宽6米,高2.5米,长30米左右的大棚,在两侧按40厘米间距排放竹片,一头插入地面30厘米,把另一头弯曲连接固定在顶部梁上,盖上油毛毡,上面用塑料绳固定好。大棚两头开门,门高1.8米,宽1.5米,其余部分挂草帘。为了增加大棚牢固性,在大棚中间每隔2~3米竖1~2根柱子,竹片钉在柱子上固定(图1-8)。

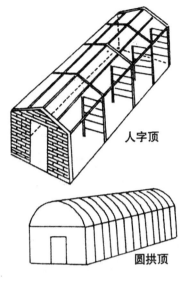

人字顶

圆拱顶

图1-8 菇棚结构示意图

2. 制栽培袋

栽培袋的制作如"白色金针菇高产棚栽法"。

3. 出菇管理

室外大棚栽培金针菇主要存在温度偏高、密闭、通风条件差等问题。因此,金针菇出菇期间主要应抓好以下管理。

(1)调节好温、湿、气。金针菇子实体适宜在较低温环境中生长,管理中特别要防止棚内高温危害,要利用早晚时间打开通风口通风,有利于降温和保持棚内空气新鲜,在高温时特别要注意适当控制湿度,防止高温高湿引起杂菌感染,同时把覆盖膜四周适当提高以离空地面。干旱天气地面干燥,湿度偏低时可向地面喷水。确保金针菇生长有一个良好的外界环境条件,是夺取优质、高产的一个重要管理措施。

(2)开袋催蕾。开袋时间,一是要掌握当地的气温情况。金针菇子实体生长温度为5℃~18℃,一般以8℃~12℃为最适生长温度。二是根据市场销售情况分批开袋出菇,分批采收上市,以提高经济效益。

（3）开袋搔菌。金针菇接种后菌袋经 30 天左右时间培养,当菌丝长到培养料 2/3 时开袋出菇。开袋时拉直袋筒,向下对折 2 次,然后用搔菌耙把老菌皮扒净,同时把表面的菌皮轻轻划一遍,扒菌皮时不宜过重。搔菌时要做到边开袋、边搔菌、边盖膜,防止袋面风干。

（4）催蕾。将菌袋排放于棚内地上或架上,排放后盖膜养菌 2~3 天,养菌期早晚掀膜 2 次,菌丝恢复后进行催蕾。催蕾后相对湿度提高到 85%~90%,温度控制在 5℃~12℃,经过几天管理,菇蕾即可形成。此期应注意温湿度管理,菇蕾形成后,早晚掀膜通风 15~30 分钟,同时抖去薄膜上的水珠,以防水滴滴入菌袋菇蕾上,引起烂蕾。

（5）幼菇期管理。在幼菇 1~5 厘米阶段,主要促使幼菇群体生长整齐一致,这是促进提高产量和品质的重要环节,方法是要适当降温,加强通风,温度掌握在 8℃~12℃,相对湿度在 80%~85%。早晚进行掀膜通风 0.5~1 小时;幼菇后期早晚掀膜通风 3~4 次,通风期间根据实际情况用小喷头朝上喷雾状水,以弥补因通风而减少的空气湿度。

（6）长菇期管理。待菇体生长至 5 厘米以上时,适当增加膜内二氧化碳浓度,诱导菇柄伸长,相对湿度在 90% 左右,每天抖膜通风 2~3 次,高温时增加抖膜次数。长菇时期应注意保持棚内空气新鲜,当菇体生长至折口上 3 厘米左右,拉上一层袋口,而后同样管理,随着菇体生长呼吸加强,适当延长通风时间。当菇体生长到袋口处,菇盖直径到 1.5 厘米左右并内卷时,就可采收上市。

（7）转潮管理。金针菇一般可采收 3~4 潮,采收后应除去残菇,停水 2 天左右养菌,然后按上潮管理方法进行催蕾、出菇管理。若失水严重,应向菌袋中补水,按每袋 0.2 千克加入袋中,待 24 小时后再把余水倒掉,再盖膜养菌催蕾进行下潮管理出菇。一般可收 3~4 潮菇,生物效率可达 150% 左右。

（六）脱袋卧地畦栽法

据湖北省鄂州市生物化学研究所夏有清、赵德安、陈兆刚（2000）报道，采取集控脱膜卧地栽培金针菇，具有省工省力、便于管理、效率高等优点。现将有关技术介绍如下。

1. 原料选择

选新鲜无霉变、无虫蛀的棉籽壳为主要原料，其配方可选用以下两种：

（1）棉籽壳80%，麸皮20%，另加糖、石膏各1%，料水比为1:1.2。

（2）棉籽壳80%，麸皮17%，玉米粉3%，另加糖、石膏各1%，料水比为1:1.2。

2. 选用良种

选择细密型品种杂交19，该菌株适应性强，不易开伞。同时改三级制种为二级制种，二级种为麦粒原种直接做生产种，这样不仅缩短了育种时间，而且培育出来的菌种菌丝整齐、洁白、粗壮，养分丰富，萌发快，吃料一致。接种后菌丝生长快，出菇整齐一致。

3. 菌筒制作

将棉籽壳、麸皮、玉米粉等混合均匀，再将糖和石膏溶于水中倒入料内，在搅拌机中充分拌匀，装入50厘米×12厘米×0.045厘米聚乙烯筒料中。首先用细绳等将筒料的一头扎紧，装料2/3筒长后再将另一头扎紧。常压灭菌，温度达到100℃维持12小时。停火后，在灶内闷24小时，打开灶门，取料筒置于事先准备好的薄膜帐篷内，待料温降至30℃以下时，再用气雾消毒盒消毒接种。每个料筒上打4个接种穴，将麦粒菌种接入穴中填满、填实，用胶布或透明胶贴封接种穴口即可。

4. 发菌培养

接完种后，及时喷一次杀虫药，防止虫害，并将接种室的帐篷门封好。发菌7天后，每天打开帐篷门通风30分钟，培养7～10天菌丝基本封满接种口，每天通风1小时，促进菌丝加速生长。

经过50天左右的培养,菌丝可全部长满料筒。用单面刀片去掉菌筒上的薄膜,移入出菇室出菇。

5. 出菇管理

出菇室保持空气新鲜和弱光环境。将去膜菌筒整齐卧放地面畦上,每畦宽120厘米,长度不限,走道宽60厘米,便于操作管理。床面用地膜盖严,四周往菌筒内折进20厘米左右,便于出菇时撑高留有余地。要避免周围透风,使代谢产生的二氧化碳浓度不断提高,抑制菌盖生长,刺激菌柄伸长,使菇体整齐均匀。地面要洒水,提高空气湿度至85%左右,并加强5℃左右的温差刺激。菇体长到5厘米高时,停止洒水,避免水分过多使菇体变色影响品质。

6. 采收与采后管理

当菌柄长到12~14厘米,菌盖直径0.6~1.0厘米时及时采收,左手拿长满菇的菌筒,右手拔菇,每筒必须一次全部采完,便于采后管理。

第一潮菇采收后,剔除菌筒上的菇根,地面喷足水,盖好地膜,保湿促菇,一周左右可出第二潮菇。采完第二潮菇后增补营养液,方法是用1%葡萄糖水或白糖水喷洒菌筒表面,有利高产。

脱膜卧地栽培,也可在室外大棚或阳畦出菇,即将发好菌的菌袋脱膜后平卧于棚内地上或整好的阳畦床上,畦床上拱小长棚出菇,效果也很好。

(七)地沟墙式袋栽法

1. 地沟栽培的优越性

(1)建造容易,造价低廉,适于广大农村应用。

(2)保温保湿性能好,管理方便,可省去或简化喷水等栽培工艺。

(3)由于小环境条件适宜,产量高,菇质好。

由于具备上述优越性,近年来,在河南、河北、山东等地被普遍采用。

2. 地沟的建造

地沟建造因地区、地势等的不同，各地形式、大小不一。河南南阳是建在排灌方便的空闲地，按东西向挖成宽50厘米、深40厘米，长不限的条形地沟。泌阳等地是挖成1米见方、深40厘米的坑式地沟。山东临沂是在栽培平菇的大棚内，挖成宽80~90厘米，深25~30厘米，长6~10米的地沟。以上各种地沟挖成后，均先灌水预湿，待水渗湿后撒上石灰粉，铺上2厘米厚的菜园土，以备摆放菌袋用。

河北保定等地，是采用大型地沟，在空闲地挖成长15米，宽3.8米，深2米的地沟，沟内设置3排床架，架高2米，宽40厘米，每隔70厘米砌墙固定。床架设5层，每层距离40厘米，可卧放4层菌袋，可供两头出菇。地沟外(即沟顶上)用钢筋或竹竿搭弓形棚遮阳防雨，以利管理出菇(图1-9)。

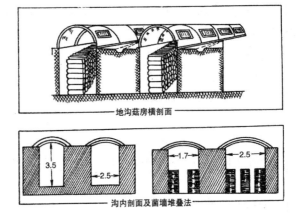

图1-9　地沟栽培法示意图(单位:米)

以下是山东临沂采用的简易地沟栽培方法技术要点。

(1)栽培季节。以出菇温度能保持在5℃~10℃时，再往前推1~1.5个月(发菌期)即为适宜的接种期。在山东省临沂地区10月中旬至次年1月为出菇期。其他地区可根据当地气温特点灵活安排。

（2）菌袋制作。培养料配方:棉籽壳70%,陈杂木屑20%~22%,麸皮8%~10%,另加石膏粉1%,料水比1:1.3。配好料后,用16厘米×35厘米×0.04厘米的聚丙烯袋装料。按常规法灭菌。采用两头接种。所用菌种为F7及金杂19(也可选用其他优良品种)。

（3）培菌管理。接种后将菌袋置干净通风的培养室培养,温度不低于18℃,空气相对湿度以60%为宜。经35~40天培养,菌丝即可发满全袋。

（4）出菇管理。将发好菌并已现蕾的菌袋,解开袋口一端并拉直袋口塑膜,排入上述已挖好的地沟内,并在沟宽的两边压入黑色薄膜,再在两边插入直树枝或细竹竿扎成小拱架。中间高50~60厘米,然后对折两边的薄膜,交错盖好成黑色拱棚,以利保湿、避光和增加二氧化碳含量,促进金针菇高产、质优。当菇蕾长至3厘米左右时,每天掀膜通风透光一次,每次30~60分钟,促使菇蕾整齐粗壮和色泽纯正。待菇柄长至5厘米以上时,全密封培养,以提高棚内空气湿度和二氧化碳含量,迫使菌柄长高,以利增加产量和出优质菇。

（5）采收。一般封闭培养6~8天,菌柄长达18~20厘米,盖径1.2~1.5厘米,色泽白中透黄时即可采收。此时采收的菇质量好,符合金针菇一级标准。

（6）采后管理。头潮菇采收后,清理料面,地沟中灌一次水,待水渗下后,盖好薄膜恢复养菌。此后每天掀膜通风透光30~60分钟,5~10天可出第二潮菇。

采用上述方法栽培金针菇,与常规大棚覆膜喷水管理栽培相比,可省去喷水操作,简化了工艺,同时菇质好,产量高,生物学效率可达130%以上。

（八）两段高产出菇栽培法

所谓"两段出菇"即前段按常规开袋出菇,后段为覆土栽培出菇。据试验,袋栽金针菇采用两段出菇法,生物学效率可达180%以上,比常规出菇法提高产量65%左右,而且菇质好。原因:袋栽金针菇覆土后能得到土壤中的水分和养料的补充,使菌丝生活力

旺盛,因而有利高产。具体做法:

1. 栽培季节

长江及以南地区 10 月底至 11 月中下旬投料播种,黄河及以北地区 9 月初进行栽培。

2. 制栽培袋

培养料及配制、装袋、灭菌、接种、培养等均按常规进行。

3. 出菇管理

(1)接种后将菌袋置于菇房或菇棚地面或床架上发菌,当菌丝长至料内达 70% 时,解开袋口拉直袋膜,让其增氧出菇。

(2)出菇二潮后,将菌袋用利刀从中截成等长的两段,出过菇的一端朝下,切面的一端朝上,分别竖立于预先在室外畦床上开好的畦沟内,沟深以放菌袋后与地面基本相平为宜。袋间可不留间隙,一袋挨一袋排立于沟内,边排袋边用细土或切截菌袋的碎料填好袋间缝隙,排完袋后浇一次重水,袋面覆一层 1 厘米左右厚的细土(挖沟出的细土或菜园土),上覆地膜,保温保湿养菌。

(3)如在露地出菇,为了遮阳防雨,最好搭个简易弓棚。一般经 10~15 天,即可现蕾出菇。

(4)为提高质量,防止菇柄弯曲,最好在菌袋上罩一个 20 厘米高的硬纸筒。

两段出菇法,不仅产量高,菇质好,且便于管理,覆土后一般不需要每天喷水和通风。可省工省时,采完菇后,废弃菌料留在地里做基肥,且可改良土壤理化性状,有利下茬作物高产。

(九)双向高产出菇栽培法

袋栽金针菇出菇方法,一般为直立于地面后拉直袋口塑料或卧放于床架上打开袋口一端让其出菇,此称单向出菇(图 1-10)。所谓"双向出菇",即将菌袋平放于地面或床架上,打开袋两端袋口,让其两端出菇。此法与单向出菇相比可增加出菇面积约 50%,并能充分利用栽培料的养分。当两头菌丝吃料 6 厘米左右时,即可开袋边发菌边出菇,这既能缩短生产周期,又可改善小气候条件,有利提高产量,增加经济效益。具体做法:

1. 栽培季节

在自然条件下,一般在9—10月制作原种和栽培种,10—11月投料播种。11月至次年2—3月出菇。有控温条件的可周年生产。

2. 制作菌袋

选用无霉变、无虫蛀的棉籽壳等为主料,辅以适量的麸皮、玉米粉、石膏等为栽培料。配方可按棉籽壳83%,麸皮10%,玉米粉5%,过磷酸钙1%,石膏1%,水适量。按常规配制后装袋。栽培金针菇,尤其是两头出菇的塑膜袋要求较长,以45厘米×17厘米的高压聚丙烯袋为宜,装料长度25厘米,袋两端各留10厘米做出菇口用,每袋装干料600克左右,扎好袋口,常压灭菌8~10小时,降温30℃以下按无菌操作两头接种。接种时因气温较低,可在消毒后的接种室采用开放式接种。

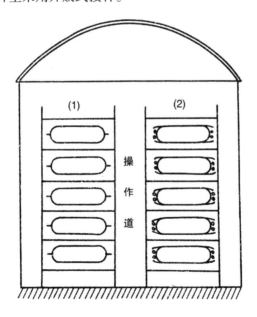

图1-10　床架菌袋两头出菇示意图

(1)正在发菌菌袋　(2)开口出菇菌袋

3. 培菌管理

接种后将菌袋置于室内地下或室外菇棚内码袋发菌。码袋高度 5~8 袋(高 80~100 厘米)。因冬季气温低,码袋发菌可利用堆温和菌丝体生长的呼吸作用产生的热量来提高袋温,促进菌丝生长。堆间要留一定空隙,一般为 40~50 厘米,以利空气流通和操作。码好堆后向菌袋撒一些石灰粉,以防杂菌感染,并覆膜或盖草帘保温,以利发菌。7~10 天翻堆一次,将上中下的菌袋互相移位,以利发菌一致。

4. 出菇管理

当菌袋两端料内菌丝伸长 6 厘米左右时,即可进行出菇管理。

(1)将菌袋卧式叠放于菇房或菇棚的地面或床架上,行距 70 厘米左右,高 8~10 层菌袋。

(2)如在室外菇棚内出菇,将行间留的走道挖成凸形,两边出小沟,便于灌水。

(3)将两端袋口解开,拉直塑膜,使其成一筒罩,使菌柄在筒内直向生长。

(4)现蕾前,对菌袋两端料面进行"搔菌"(即用小铁耙消毒后耙破料面老菌皮),并向地面、空中、墙壁喷水,保持空气湿度 90% 左右,每天通风 2 次,每次 30 分钟。

(5)菇房(棚)内要有一定的散射光,促使菇蕾形成。

5. 采收

当菇柄长达 20 厘米左右,菌盖有黄豆粒大小时即可采收。

(十)防空洞周年栽培法

据江西省九江农校朱肖锋(1999)报道,利用防空洞进行金针菇周年生产,可充分利用大量闲置的人防工程,而且能填补夏季菇类蔬菜空缺,改善人民饮食结构。栽培方法如下:

1. 防空洞环境条件

防空洞设有一个进口和一个通风口。洞内环境变化可明显分为干季和湿季。干季(11 月至翌年 3 月)洞内月平均气温

8.1℃~15.2℃,地上月平均气温4.2℃~12.5℃。由于洞内气温高于地面气温,冷空气向地下流动,形成空气对流。洞内月平均气温13.6℃~20.5℃,地面月平均气温16.5℃~29.4℃。由于洞内不通风,潮湿,相对湿度95%以上,湿季利用排风机通风时,地面热空气进入洞内,遇冷产生大量湿气,出现越通风越潮湿现象。多雨季节,地下水位升高,洞壁渗水,高湿现象更甚。因此,解决好通风、排湿问题是湿季生产金针菇的关键。防空洞洞壁用石灰水粉刷,地面撒石灰粉,空间用熏蒸剂一熏灵消毒。洞内每10米装一盏40瓦灯泡,以利管理时予以照明。

2. 菌种制备

(1)选好品种:以F菌8909和FV088为宜。

(2)接种培养。母种为PDA培养基;原种为麦粒培养基;栽培种为棉籽壳培养基:棉籽壳68%,麦麸30%,糖1%,石膏1%。

栽培料配方:棉籽壳78%,麦麸20%,糖1%,石膏1%。含水量60%,料水比1:1.2。

按常规配制、装袋、灭菌、接种、培养。

3. 制栽培袋

培养料配方:

①杂木屑78%,麦麸20%,石膏、糖各1%。

②棉籽壳34%,杂木屑34%,粉饼10%,麦麸20%,糖、石膏各1%。

③棉籽壳39%,杂木屑39%,麦麸20%,石膏、糖各1%。

④棉籽壳92%,麦麸5%,尿素1%,糖、石膏各1%。

⑤稻草粉78%,麦麸20%,石膏、糖各1%。

任选一方按常规配制,含水量为55%~60%。

4. 发菌管理

同常规。

5. 出菇管理

主要是排湿,由于出菇阶段处在湿季,每天用500瓦排风扇吹2次,每次2小时。

6. 注意事项

①防空洞栽培金针菇培养料水分不能过高。地上生产金针菇含水量为65%~70%,而洞内培养料含水量65%以上会造成细菌性根腐烂病严重发生。试验表明,含水量以55%~60%较为适宜。

②尽量避免在洞内搔菌。在洞内搔菌污染几乎过半。采用在地上接种室内搔菌,折转袋口后送入洞内,待现蕾时再拉直袋口出菇,污染率可控制在5%以下。

③洞内二潮菇受污染严重,特别在湿季,建议减少每袋装料量,出头潮菇后即将菌袋清理出洞。

④周年生产用防空洞最好选用平直进入的山洞,这样袋料进出方便,可节省大量人力物力。

(十一)菇房周年高产栽培法

笔者经多年考察及探索实践,总结出一套简便易行的周年栽培技术,现简介如下。

1. 选用优良菌株

(1)浅白色至白色的有 F70-1、F60 及洁白色 T1、白针菇2000。

(2)浅黄色 F531 等。

2. 改善环境条件

(1)发菌室:墙壁四周喷 10 厘米厚"保丽龙"(泡沫塑料)或安装 15 厘米厚泡沫塑料板。每 100 立方米安装 5 匹空调机一台,50 瓦电风扇一台,在离地面 30 厘米处每间培养室(30 平方米)开 2 个直径 20 厘米排气洞。

(2)出菇房:墙壁四周喷 15 厘米厚"保丽龙"(泡沫塑料),每 120 立方米安装 7 匹空调机一台,控温器一台,50 瓦电风扇 2 台(电风扇安装在滑轮上,控制器使电风扇上下缓慢移动),振动增湿器 1 台,40 瓦日光灯一盏。

3. 培养基配制

(1)杉木锯木屑必须堆积 2 年以上,当年锯木屑与 3 年以上的木屑不能用,落叶树锯木屑堆积 1 年左右即可。

(2)配方:①木屑 67%,米糠 30%,玉米粉 3%。②棉籽壳 75%,麦麸 20%,玉米粉 5%。③玉米芯 70%,米糠 30%。

以上配方无须加糠、石膏。瓶栽培养基含水量 65%,袋栽培养基含水量 70%。

4. 装料要求

瓶栽用 800 毫升塑料瓶,瓶口直径 7 厘米,每瓶装料 460 克左右。培养料必须装到距瓶颈 2 厘米,处以备搔菌(0.5 厘米厚老菌块)后培养料能到瓶颈肩交界处,这样子实体生长快而齐。装料后,从瓶口至瓶底打一个孔,加瓶盖即可灭菌。袋栽采用 17 厘米×35 厘米聚乙烯塑料袋,各袋装干料 250~300 克。装完后在袋中央打孔至袋底 1 厘米处。袋口用塑料套环扎紧。

5. 灭菌、接种、培养

培养基装瓶、袋后,用高压灭菌,120℃维持 150~180 分钟,或常压灭菌 100℃维持 12 小时,灭菌后将培养基移到严格消毒灭菌接种室,降温至 25℃时按无菌操作开始接种。菌种均接到孔底部、中间及料面。接种后的瓶或袋移入培养室培养,室温控制在 18℃~20℃,湿度 60%~65%,在 3.3 平方米的菇房垒设 1300 瓶,一般 18~20 天菌丝长满瓶,袋式的 25 天左右长满袋。

6. 催蕾及管理

菌丝长好后立即进行搔菌,把袋面或瓶口部位的老菌块扒掉,挖掉 0.3 厘米的老料面整严。搔菌后移入催蕾室,温度控制在 13℃~14℃,湿度保持在 85%~90%,室内要求黑暗,打开增湿器后启动电风扇,每天 2 次,每次 30 分钟左右,保证催蕾室空气新鲜。培养基进房后 3 天开始现蕾,8 天内催蕾成功。

7. 抑蕾及管理

催蕾成功后,为了培养出整齐、圆整、成束的优质菇,可进行抑蕾。抑制室温度应控制在 3℃~5℃,空气湿度 80%~85%。打开移动式电风扇通风,保证室内空气新鲜,每 3 小时开机 15 分钟。5~7 天看到菌柄、菌盖、菇蕾长至瓶口或 2 厘米高时,可进行套筒出菇管理。

8. 套筒或拉袋出菇

整个瓶口或袋口布满整齐菇蕾时(约2厘米高)套上塑料筒,袋栽的可拉直塑料袋,控制温度在6℃~8℃,空气湿度78%~80%。根据子实体生长情况打开移动式电风扇,使菌柄质地坚实,菌盖和菌柄色白且干燥。注意吹风时间不宜太久,以防氧气太足而造成菌盖变大,温度也不宜太高或变化太大,否则子实体会变软,质量变差。

9. 采收

当金针菇柄长至15厘米以上时即可采收。

10. 注意事项

(1)电源充足,保证空调机(制冷机)正常工作,条件好的可准备发电机组。

(2)出菇期间温度变化范围不宜太大,菇房二氧化碳浓度保持在0.1%~0.15%。

(3)出菇房的空气湿度由催蕾时85%~95%慢慢降至75%~78%。

(十二)低温库房周年栽培法

据江苏盐城市蔬菜研究所徐汉亿等报道,利用低温库房进行金针菇周年栽培,经济效益好,现将这项技术介绍如下。

1. 低温库建造

(1)库体。库体建造可利用现有民房改造,也可新建,通常使用面积25平方米左右,内贴聚苯乙烯泡沫板,或双墙中间夹保温材料,如膨胀珍珠岩、稻壳等,库高3米为宜。南北两面墙分别在上下左右四角装上排气扇,在使用制冷机时,排气扇两侧需用隔热板密封。

(2)制冷机。设备选型以经济、实用,便于维修保养为主,要求在-5℃至室温之间可任意调温、快速降温、自动控温,精度±1℃,库内温差<2℃。

(3)菇架。菇架床面100厘米×180厘米,高250厘米,分6

层,层距45厘米,最低层离地面10厘米。25平方米的库房可放置8个菇架,一共可摆放18厘米×33厘米栽培袋7000袋,一次可投料3000千克。

(4)空气净化器。库房在密封的环境下制冷或加热时,需使用空气净化装置。金针菇在生长发育时,吸收空气中的氧气,排出二氧化碳。净化器的原理是将浑浊的空气通过石灰水,将有害气体吸收掉,达到净化空气的目的。净化器的进气口在低温库的最低部,动力用150瓦的鼓风机,出气口在库顶部四周,石灰水用作净化剂(需定时更换)。净化器除可以过滤空气外,还可增加库房内的空气湿度,加快空气的流动,均衡室内的温度。

2. 栽培时间

一般要避免在天气炎热时出菇,一年栽培3次。第一次3月初接种,此时气温较低,发菌时加温,出菇时可降温,5月1日前后采菇。第二次8月初接种,此时气温较高,需降温发菌、降温出菇,国庆节前后采菇。第三次11月底接种,正常栽培,春节之前采收。

3. 菌株选择

高温季节栽培金针菇,需用抗逆性强的菌株,杂交19菌株较耐高温,抗杂能力也较强。低温季节栽培金针菇,要使用实体商品性好的菌株,增加市场的竞争力,可选用浙江常山的F007,该菌株菇色浅,菇盖小,菌柄白,头潮菇产量高,是特别适宜春节前采菇上市的优良金针菇品种。

4. 栽培料配方

通常采用的配方是:棉籽壳50%,木屑20%,玉米粉10%,麸皮10%,棉粕10%。此配方发菌快、菇质好、产量高。

5. 装袋、灭菌和接种

高温季节栽培金针菇,栽培料装袋时速度要快,从加水拌料到灭菌应短于8小时,以防细菌大量繁殖,改变料的pH。常压灭菌时,当袋中温度达100℃后,继续加热6小时,再闷一夜即可。

如 100℃维持时间长于 8 小时,栽培料在发菌期易感染红色链孢霉;若短于 4 小时,栽培料易受绿色木霉菌影响。灭菌后将栽培袋搬入低温库,置菇架上冷却,当料温降至 25℃左右时,按无菌操作接种。栽培种未开口前需在新配制的 0.5%高锰酸钾溶液中浸泡一下,除去瓶壁杂菌,并使棉塞潮湿,防止灰尘弹起污染空气。手和接种钩需经常用 75%酒精消毒,防止交叉感染。如果使用负离子发生器,接种成品率可达 98%以上。

6. 发菌管理

下面介绍 8 月份发菌管理要求。

(1)前期管理。将金针菇栽培袋横卧排放,防止水滴通过袋口污染栽培料。控制室温在 20℃左右,料温 24℃以下,每天凌晨排风换气 1~2 小时。如夜晚温度高不能通风,需开启空气净化器。发菌前期的技术关键是创造适宜温度,促进金针菇菌丝快速生长,减少杂菌污染的机会。一般经过 10 天左右,菌丝封面并吃料 1 厘米以上。

(2)中期管理。经过前期的发菌,袋中菌丝量增加,呼吸作用加强,需氧量加大,这时需要解开袋口扎线(但不要拉动袋口),增加气体交换,保证菌丝有充足的氧气。解袋后,菌丝生长迅速,生物热增加,室内废气也增加,白天制冷,使室内温度降到 20℃左右,并开启净化器。夜晚室外温度下降后,整夜排风换气,减少制冷耗能。

(3)后期管理。当菌丝吃料 8~9 厘米时,发菌速度减慢,这时可开袋催蕾,头潮菇产量低。特别是在高温期,发菌产热,影响培养优质金针菇,一定要发足菌丝后再出菇。发菌后期,将菌袋竖立排放,稍微拉动袋口,增加菌料与空气的接触。一般接种后经过 30 天可完成发菌过程。

7. 出菇管理

金针菇出菇期的管理是生产优质子实体的关键,下面介绍 9 月份开袋出菇管理技术。

(1)开袋催蕾。开袋时,将袋口撑开,反卷,使袋口高于料面不超过5厘米。用喷雾器向料面喷少量水雾,每个床面用地膜覆盖袋口,在地面喷水增湿,保证室内空气相对湿度在85%～92%。室内温度控制在15℃左右,每天揭开地膜通风2小时。白天降温时,净化器需开启,夜间气温降至15℃以下时可排风换气。一般经过1周后,料面即出现密密麻麻的菇蕾。

(2)出菇管理。现蕾后,揭开地膜,净化器需经常开启,保证室内空气流动,室温控制在5℃～7℃,以减慢金针菇的生长,促进菇柄质地坚实,培养整齐健壮子实体。经过1周左右,菇蕾长成像火柴棒的子实体。这时拉直袋口,重新盖上地膜。

生长期的室内温度控制在7℃～15℃。降温时净化器要经常开启,如外界气温适宜,可经常排风换气。每天揭膜通风2次,每次1小时。

通过以上管理,保证袋中氧气和二氧化碳的浓度比适宜,促进菇柄生长,而抑制菌盖生长,培育优质子实体。

8. 采收和采后管理

培育30天左右,子实体即可采收。如室温在15℃时,仅需15天左右就可采菇,但头潮菇产量和菇质都不理想。头潮菇结束后,将料面萎缩菇体和老菌皮除去,在料面打5个直径0.4厘米的孔,每袋加入0.1%尿素和0.05%磷酸二氢钾的营养水150毫升,一天后倒尽未吸收的水分,再按以上出菇管理,不久即可采收第二潮菇。

(十三)工厂化袋栽法

工厂化袋栽金针菇,由于机械化程度较高,能及时调控温度、湿度、空气、光照等生态条件,一年四季均可生产。

工厂化袋栽金针菇时,培养料及配制同常规,采用短袋装料,一次性出菇法。当菌丝体长满料袋后,及时调节好温度、湿度、空气和光线等生态条件,让其顺利转入出菇阶段。出菇期的管理,主要抓好以下几个环节。

1. 搔菌

搔菌的目的是防止金针菇子实体原基集中生长在菌种块上,

数量小,不整齐。搔菌后,培养基上层菌丝能接触更多氧气,可促进菌丝生理成熟和分化形成大量子实体原基,有利高产。搔菌时,将袋口薄膜撑开,反卷,保持袋的空间高度约 10 厘米,然后用经烧灼或酒精消毒过的接种勺或搔菌耙,耙动袋口料面,并除去培养基上面的老菌种块。搔菌后及时排放在栽培室的培养架上,让其出菇。

2. 催蕾

就是调节适宜的光、温、湿、气等综合因素对菌袋的影响,促使其在培养基表面现蕾,以利及时出菇。催蕾时,菇房室温控制在 12℃～15℃,温度过高,出菇不整齐,且菇体瘦弱;温度过低,出菇量少,影响产量。室内空气相对湿度保持在 80%～90%,湿度过低,培养料易干,不利现蕾;湿度高,容易污染杂菌。通过进排气孔,适当加大通风量,以增加新鲜空气。如此管理,可长出数量多、整齐、健壮的菇蕾。

3. 抑蕾

为使出菇整齐、健壮、分生更多的侧枝并成束生长,须短暂抑制先形成菇蕾的生长,此称"抑蕾"。抑蕾时间,当菇蕾主柄长到 3～5 毫米,菇盖直径 1 毫米时,就应及时采取降温、吹风、光照等措施进行抑蕾。即把菇房温度降到 3℃～4℃,保持 3～5 天,抑蕾时的吹风至关重要,要利用菇房地窗对流的干燥微风横吹,或用往复式垂直吹风机从上至下向袋口吹风,风速由慢到快(由 15 米/秒至 50 米/秒),迫使已形成的针状菇蕾的生长点因失水而萎蔫。然后提高空气湿度至 85%～90%,并适当增加光照,使菌柄基部又重新形成密集新菇蕾丛及众多侧枝。如此管理,可培育出柄圆、健壮的优质金针菇。

4. 育菇

抑蕾后,菇房温度维持在 6℃～9℃,空气相对湿度保持在 90%～95%,每天定时通风 1～2 次,每次不超过 15 分钟,并确保子实体在黑暗条件下生长。待子实体长到与袋口相平时,再进行提袋,即将反卷的袋口拉直,以增加二氧化碳浓度,促使菇柄伸长,防止菇体受光着色变褐和早开伞。

5. 采收

当菇柄长 13～15 厘米,菌盖直径 1～1.3 厘米时,即可采收。

第二章 鲍鱼菇

一、概述

鲍鱼菇又名黑鲍菇、鲍鱼侧耳、台湾平菇、高温平菇。隶属担子菌亚门、层菌纲、伞菌目、侧耳科、侧耳属，是一种夏季高温季节发生的菇类。具有较高的食用价值，其肉质肥厚，菌柄粗壮，脆嫩可口，具有鲍鱼风味。尤其是在炎热的夏季，大部分食用菌无法生长，而它一枝独秀，可填补鲜菇市场的空档，具有广阔的发展前景。

鲍鱼菇主要分布在台湾、福建、浙江等地，欧洲和北美也有分布。我国台湾20世纪70年代就开始栽培，并已进行商业化生产。目前在福建、浙江、广东、四川等地有少量栽培，其产品除在当地鲜销外，还可制成罐头出口东南亚等地。1972年由福建三明市真菌研究所等单位开始进行鲍鱼菇的开发研究，现已在国内部分地区推广栽培。

鲍鱼菇营养丰富，据报道，其子实体含粗蛋白19.20%，脂肪13.49%，可溶性糖16.60%，粗纤维4.80%。蛋白质中氨基酸含量丰富，总量为21.87%，其中必需氨基酸8.65%，均高于其他侧耳属菇类。

二、形态特征

鲍鱼菇子实体单生或丛生。菌盖直径5～20厘米，表面干燥，暗灰色或褐色，中央稍凹，菌褶间距稍宽，延生，有许多脉络，呈奶油白色，成熟时菌褶边缘呈暗黑色，最后的褶片下延，与菌柄交接处形成明显的灰黑色圈，下延时形成网络状。菌柄内实，致密,偏心生,长 5 ~ 8 厘米,宽 1 ~ 3 厘米,白色至淡灰白色。孢子印白色,担孢子(10.5 ~ 13.5)微米×(3.8 ~ 9.0)微米,圆柱形,透明。担子(50 ~ 65)微米×(7.0 ~ 8.5)微米,有 4 个担子小梗。缘囊体(23 ~ 28)微米×(7.0 ~ 8.5)微米,棍棒状至亚柱形,壁稍厚,淡褐色。侧囊体(38 ~ 50)微米×(6 ~ 8)微米,梭形,棍棒状或担子状,薄壁,透明。菌盖表面有大量的盖囊体,大小为(24 ~ 40)微米×(6 ~ 11)微米,刚毛状。亚柱形至近棒状,厚壁。苍褐色至暗褐色,柄囊体和盖囊相似(图 2 - 1)。

图 2 - 1 鲍鱼菇

三、生长条件

1. 营养

鲍鱼菇是一种木腐菌,能将木材中的单糖、纤维素、木质素等化合物,通过各种酶分解成为葡萄糖、木糖、半乳糖和果糖而利用。但鲍鱼菇直接分解木材的能力较弱,在人工栽培中必须添加一定的碳源(如葡萄糖、蔗糖、甘蔗渣、玉米芯等)和氮源(如蛋白胨、氨基酸、尿素、米糠、麸皮、玉米粉、棉籽粉等),氮源与鲍鱼菇菌丝生长和子实体发育及产量关系很大。如制母种时,在 PDA 培养基中添加 0.5% 的蛋白胨,菌丝生长速度明显加快,且菌丝浓密粗壮,长满管只需用 10 ~ 12 天,比不加蛋白胨的快 5 ~ 8 天。大面积栽培时,用棉籽壳代替部分木屑,添加 0.5% 的麸皮,可增产30% 左右。

鲍鱼菇在生产过程中,还需要一定量的无机盐,如磷酸二氢钾、碳酸钙及少量维生素。

2. 温度

鲍鱼菇菌丝生长的温度范围为 10℃ ~ 35℃,最适温度为 25℃ ~ 28℃。在适宜的温度下,菌丝呈白色,浓密粗壮,常形成树枝状的菌丝束。温度过低或过高,均会影响菌丝的生长。子实体发生的温度范围为 20℃ ~ 32℃,适宜温度为 25℃ ~ 30℃,最适温度 27℃ ~ 28℃,低于 25℃ 和高于 30℃ 时,子实体发生较少。35℃ 时只能发生极少数子实体,且多为畸形,没有商品价值。低于 20℃ 和高于 35℃ 完全不发生菇蕾。子实体的颜色随温度的变化而变化,在自然条件下,气温 25℃ ~ 28℃ 时,子实体呈灰褐色,28℃ 以上时呈灰褐色,20℃ 以下时呈黄褐色。为提高产量和品质,在栽培管理中要特别调控好温度。

3. 空气

菌丝生长阶段对空气要求不严,高浓度的二氧化碳还能刺激鲍鱼菇的菌丝生长。但当二氧化碳浓度大于 30% 时,菌丝生长量就会骤降。一般培养室的空气含量均适合鲍鱼菇的菌丝生长。子实体生长发育阶段需要氧气,随着子实体的不断生长,对氧气的需求量不断增加,二氧化碳浓度必须不断下降,否则将影响子实体正常生长和发育。出菇时,如通气不良,鲍鱼菇子实体柄长,菌盖小或不发育,容易形成畸形菇。

4. 水分

鲍鱼菇为喜湿性菌类,抗干旱的能力较弱,菌丝生长要求培养料含水量达 60% ~ 65%。含水量过高,菌丝难以生长;含水量过低,则会影响子实体形成。培养室的相对湿度以 60% 为宜,湿度过高,易感染杂菌。出菇时,菇房(棚)的相对湿度要保持在 90% 左右,若相对湿度过低,菇蕾形成困难,子实体发育不良,且菌丝易产生龟裂而影响品质。

5. 光线

菌丝生长不需光线,原基分化需要一定散射光,一般 40 勒克斯即可。在黑暗条件下菌盖不分化。子实体有明显趋光性,在弱光下子实体生长发育缓慢,菇柄长而重;在散射光较强的条件下,子实体生长发育快,菌盖厚实,菇质好。

6. pH

鲍鱼菇菌丝生长的 pH 范围为 5.5 ~ 8.0,但以 6.2 ~ 7.5 为最适。

四、菌种制作

(一)母种制作

1. 培养基配方

(1)加富 PDA 培养基:马铃薯 200 克,葡萄糖 20 克,蛋白胨 2 克,琼脂 20 克,水 1000 毫升。

(2)加富 PSA 培养基:马铃薯 200 克,蔗糖 20 克,蛋白胨 2 克,琼脂 20 克,水 1000 毫升。

(3)马铃薯 200 克,葡萄糖 20 克,蛋白胨 2 克,维生素 B_1 100 微克,维生素 B_2 100 微克,琼脂 20 克,水 1000 毫升。

(4)PDA + 高粱粒培养基:在 PDA 组分中另加高粱粒 40 克。

(5)黄豆芽 200 克,葡萄糖(或蔗糖)20 克,琼脂 20 克,水 1000 毫升。

(6)MDA 培养基:麦芽浸膏 20 克,葡萄糖 20 克,蛋白胨 2 克,琼脂 20 克,水 1000 毫升。

(7)麦芽浸膏 5 克,大豆粉 10 克,蛋白胨 1 克,磷酸二氢钾 0.5 克,硫酸镁 0.5 克,1% 氯化钠溶液 1 毫升,酵母膏 0.1 克,琼脂 17 克,水 1000 毫升。

(8)高粱粉 40 克,琼脂 20 克,水 1000 毫升。

配制方法同常规。

2. 母种来源

引进或自己分离的纯试斜面母种。

3. 接种培养

按无菌操作要求,将试管母种按常规方法接种于上述培养基上,置26℃左右下培养15天左右,当菌丝长满斜面即为扩繁母种。

(二)原种和栽培种制作

1. 培养基配方

(1)碎稻草30%,木屑30%,米糠20%,玉米粉20%,水适量。

(2)棉籽壳99%,石灰粉1%,水适量。

(3)杂木屑74%,麦麸24%,蔗糖1%,碳酸钙1%。

(4)杂木屑79%,麦麸15%,玉米粉5%,碳酸钙(或石膏粉)1%。

(5)棉籽壳80%,木屑15%,玉米粉3%,蔗糖1%,碳酸钙(或石膏粉)1%。

(6)高粱粒94%,碳酸钙4%,石膏粉2%。

(7)小麦粒83%,木屑10%,麦麸3%,碳酸钙1%,石膏粉3%。

(8)小麦粒48%,木屑29%,麦麸19%,碳酸钙1%,石膏粉3%。

配制方法同常规。

2. 装瓶(袋)灭菌

按常规法进行。

3. 接种培养

将母种在无菌条件下接入灭菌冷却后的培养料瓶、袋内,置25℃~28℃左右条件下培养,原种35~40天,栽培种30天,当菌丝长满料后,即为原种或栽培种,查无污染,方可用于生产。

五、常规栽培技术

1. 栽培季节

根据鲍鱼菇菌丝和子实体发生时所需的温度,我国南方地区以5月下旬至7月上旬或6月上旬至8月下旬为栽培季节,北方地区以6月初至8月下旬栽培为宜。各地应根据当地气候条件,灵活加以安排。

2. 栽培场所和方式

选卫生条件好、通风、阴凉的空房或菇棚做栽培场所。栽培方式可分为袋栽和瓶栽,但以袋栽为主。

3. 培养料配方

培养料配方可因地制宜选用的有以下几种:

(1)棉籽壳37%,木屑(或蔗渣)37%,麸皮24%,蔗糖1%,碳酸钙1%,料水比1:(1.2~1.4)(各料可根据生产规模按比例增减,下同)。

(2)棉籽壳88%,麸皮10%,蔗糖1%,碳酸钙1%,料水比1:(1.3~1.5)。

(3)木屑73%,麸皮20%,玉米粉5%,蔗糖1%,碳酸钙1%,料比水1:(1.2~1.4)。

(4)稻草37%,木屑37%,麸皮20%,玉米粉4%,蔗糖1%,碳酸钙1%,料水比1:(1.2~1.4)。

(5)棉籽壳40%,木屑(或蔗渣)40%,麦麸18%,蔗糖1%,碳酸钙1%。

(6)阔叶树木屑78%,麦麸15%,玉米粉5%,蔗糖1%,碳酸钙1%。

(7)甘蔗渣50%,棉籽壳44%,玉米粉5%,碳酸钙1%。

(8)玉米芯70%,麦麸10%,细米糠10%,玉米粉8%,蔗糖1%,碳酸钙1%。

(9)稻草粉(或长约3厘米稻草屑)37%,木屑(或玉米芯)27%,棉籽壳10%,麦麸20%,玉米粉4%,蔗糖1%,碳酸钙1%。

4. 栽培袋的制作

以上配方任选一种,按常规操作混合拌匀,堆制发酵后用半熟料装袋接种(最好采用熟料栽培)。用 20 厘米×33 厘米×0.005 厘米或 17 厘米×35 厘米×0.005 厘米的聚乙烯塑料袋装料,当培养料装至袋 3/5 时,压平料面,刷净套袋口,套上套环,塞上棉塞(或泡沫塞),用牛皮纸或塑料膜包扎好袋口,进行灭菌。

一般采用常压灭菌,在100℃下保持8~10小时即可。

5. 接种培养

灭菌后,冷却至常温(30℃以下)后,按无菌操作接入菌种,可打开袋口两头分两头接种,有利菌丝快速发满菌袋。接种后将菌袋置25℃、相对湿度60%的培养室发菌,经25~30天菌丝即可长满袋料。

菌袋在发菌初期,要检查发菌情况,如有杂菌污染要及时清理,防止蔓延。还要注意老鼠等危害,若发现菌袋被咬破,要及时清除,以免引起病虫害。

6. 出菇前后的管理

鲍鱼菇与一般菇出菇方式不同,不能打洞或脱袋出菇。实践证明,开洞处不一定能长出子实体,往往有的洞口只出现柱头状分生孢子梗束,而不能发育成子实体。脱袋后整个菌筒表面都会长出分生孢子梗束和含分生孢子的液滴,致使发生的子实体极少,并容易发生病虫害。比较适宜的方式以培养基表面出菇为好。因此,在管理上要做好以下几点。

(1)拔塞脱环反卷袋口。当菌丝长满袋面时,拔掉棉塞,脱去套环,并将袋面两头多余的塑膜反卷至袋面培养基表面处,除去过密的小菇蕾(因这些小菇蕾不会长成正常子实体),直立排放或码放于菇房地面或床架上让其两头出菇。

(2)调控好湿度。出菇和子实体生长发育阶段水分管理极为重要,因夏季温度高,水分蒸发快,湿度小不利于菇蕾形成和子实体生长。排袋后,每天喷水3~4次,可直接喷于菌袋表面,并将袋面的积水除掉,只要保持菇房相对湿度达90%,料面湿润即可。也可用无纺布或报纸盖住菌袋,向覆盖物喷水保湿。如雨天空气湿度大,可少喷,晴天气候干燥要多喷。菇房相对湿度也不能过高,如长期保持100%的湿度,也会影响子实体生长发育,且培养基表面分生孢子多,长满黑色的液滴,不分化菇蕾,乃至容易发生病虫害。如料面黑色孢子囊多,可用压力水将其冲掉,以利出菇。

(3)调控好温度。鲍鱼菇子实体发生的适宜温度25℃~30℃,20℃以下不会形成菇蕾,20℃~25℃菇蕾发生较少,32℃以上菇蕾也难发生。因此,在出菇时必须根据自然气候的变化,对温度加以调控,才能获得高产。当温度突然降低时,可采用关紧门窗,堆高菌袋(堆码3~5层),袋口覆盖塑膜等保温措施。若温度超过30℃,必须对菇房(棚)地面墙壁勤喷水(最好是井水)和散开菌袋及用深色窗帘遮挡阳光直射等,以利降温。有条件的可采用冷气进行调温。

(4)病虫害防治。鲍鱼菇是春夏栽培的品种,在高温高湿下生长出菇,因此易发生病虫为害。常见的杂菌有根霉[图2-2(1)]、青霉、木霉[图2-2(2)]、脉孢霉[图2-2(3)]等,害虫有蛞蝓、菇蚊等(图2-3)。防治措施应以预防为主,首先选用新鲜、无霉变的培养料,配料前,培养料要经过烈日暴晒1~2天,以借助阳光中的紫外线杀灭部分病菌和虫卵,减少病虫发生基数。其次要对接种箱、培养室、栽培房等进行清洗和熏蒸灭菌,用药量每立方米空间硫酸铜10克或福尔马林10毫升熏蒸,熏蒸前用水喷湿,以增强灭菌效果。对霉菌类的防治,除使用药物外,主要是降低菇房湿度,发现染病后及时清除其菌袋并予销毁,防止蔓延。门窗要用尼龙网封住,以减少菇蚊入侵。

A. 根霉

图2-2(1) 几种危害鲍鱼菇的杂菌

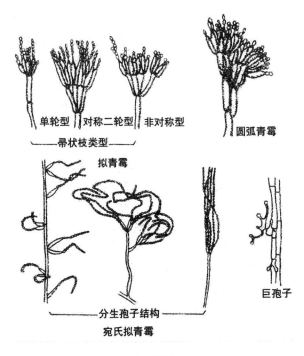

单轮型　对称二轮型　非对称型

帚状枝类型

圆弧青霉

拟青霉

分生孢子结构

巨孢子

宛氏拟青霉

B. 青霉

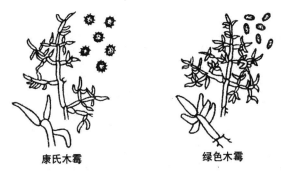

康氏木霉　　　　　　绿色木霉

C. 木霉

图2-2(2)　几种危害鲍鱼菇的杂菌

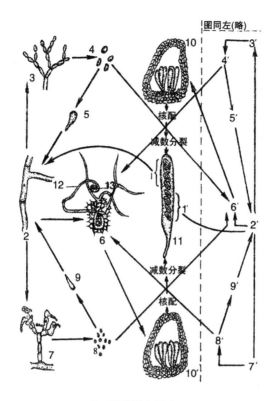

D. 脉孢霉生活史

图2-2(3)　几种危害鲍鱼菇的杂菌

1. 子囊孢子(4个)　 2. 菌丝体　 3. 分生孢子梗　 4. 分生孢子　 5. 分生孢子萌发 6. 产囊器　 7. 小分生孢子梗　 8. 小分生孢子 9. 小分生孢子萌发　 10. 子囊壳中的幼子囊 11. 子囊　 12. 受精丝　 13. 分生孢子或小分生孢子

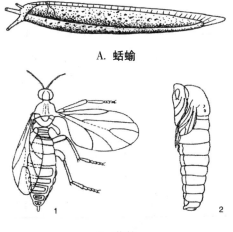

A. 蛞蝓

B. 菇蚊

图2－3　几种危害鲍鱼菇的害虫

1. 成虫　2. 蛹

7. 采收及鲜菇处理

(1)采收:鲍鱼菇从现蕾至成熟只需5~7天。当子实体长到菌盖近平展、盖缘变薄并稍内卷,孢子即将成熟时,就要及时采收。如果让成熟的子实体继续生长,孢子弹射后采收,则子实体就带有苦味,降低商品价值。采收时,一手压住培养料,一手握住菌柄轻轻扭动,即可摘下。采收之后将料面清理干净,让菌丝尽快恢复生长,以利下潮出菇。

(2)鲜菇处理:采收的鲜菇,一是鲜销,二是盐渍或加工制罐头。鲜销菇的子实体以菌盖3~5厘米,柄长1~2厘米为宜。可就近鲜售,也可采用真空保鲜袋贮存外销,有条件的可加工制罐头外销。

六、优化栽培新法

(一)室内圆柱式栽培法

圆柱式栽培法也称袋管式栽培法,是香港中文大学生物系张树庭教授研制创建的一种新型栽培方式。此法优点较多,操作简便,易

于管理,能充分利用菇房空间,透气性好,出菇早,产量高,生产周期短,特别适于城镇居民在家庭生产。具体做法如下:

1. 培养料配方及配制

培养料配方及配制方法与常规栽培法相同。

2. 装料容器制备

采用圆柱式栽培法,先要制备相应的圆柱形装料容器。装料容器用塑料薄膜制成长60厘米,宽25厘米,两头开口的塑料筒袋;在筒膜中套一根直径6.5厘米的毛竹竿,打通竹节,并在其上分别打孔24~28个,以便通气,将塑料料袋下端用绳扎紧固定,即可装料播种。

3. 装料播种

将配制好的培养料装入中间套有竹竿的塑料袋中,采用层播法,边装边播种,即装一层料播一层种,适当压实,上下松紧适度,料装至50厘米左右高时用一层菌料封面,扎紧袋口。这样就成了一个圆柱形菌丝体培养坯。

4. 培菌管理

将培养坯卧放在菇房床架上或竖立于地面上让其发菌。温度保持在22℃~25℃,暗室培养20天左右,菌丝即可长满料面,待有原基出现时,便可脱袋去竹竿出菇。

5. 出菇管理

将培养好的菌丝体坯脱去塑膜袋,拔出通气竹竿,直立在特制的塑料薄膜框内的砖块上。塑膜框是事先用竹、木条和铁丝等扎成的框架,架高70厘米左右,大小视菇房面积而定。框架扎好后,四周包以塑膜,其上做一个可以活动的塑膜盖,以利喷水、采菇等操作。在框四周距地面10厘米高处的薄膜上,打一些小孔,以利通气。塑膜框内每平方米可放4~5个菌丝体坯。每天打开塑膜喷水2~3次,使框内空气湿度维持在80%~90%,并要适当通风增气,给以充足散射光照,促进子实体生长发育。也可将菌丝体脱袋不拔通气竹竿,竖立固定在用竿、木扎成的架子上让其出菇。

6. 采收与采后管理

菇蕾形成后5~7天子实体即可成熟,应及时采收。采完第一潮菇,停水 2~3 天,加盖养菌,让菌丝恢复生长。后再进行出菇管理,5~6 天可采收第二潮菇,一般可先后采收 4~5 潮菇。

(二)室内塑料筒式栽培法

塑料筒式栽培是塑料袋式栽培的演变和进化。此种方式具有占地面积小、染杂率低、搬移方便、易于管理、出菇早、产量高、生长期短等优点,特别适合城镇居民家庭栽培。具体做法如下:

1. 筒体制作

先将直径 30 厘米的塑料筒膜裁成 70~80 厘米长,待做筒外套用。再选晒干、无霉变的玉米秆或高粱秆、芝麻秆,截成 45~50 厘米长(要能被塑料筒包住和扎口),然后用绳编制成直径 28 厘米左右的圆柱状栅栏备用。

2. 装料接种

装料前 10 天,将棉籽壳或稻麦草按常规配料拌匀,上堆发酵。装料前 1 天,用 2~3 千克石灰加 100 千克水将编制好的栅栏浸泡 12 小时,以利消毒灭菌,然后捞起晾干水分,套入塑料膜筒内。一端用消过毒的稻草束扎口,点播一层菌种,再装一层培养料,装至栅栏 1/2 时,再播一层菌种,继续装料至与栅栏一样平。上播一层菌种封面,平整压实,中央用一直径 3 厘米左右的锥形木棒打通至底端,最后用稻草束扎口发菌。

3. 发菌管理

将筒式菌袋横卧堆放于干净的发菌室培养发菌。每堆两排并列,两端可定木桩或砌(码)砖墙以利排筒,或一端靠墙壁一端用砖砌防倒。气温高时,菌筒只码 1~2 层,以利散热,防止烧菌;气温低时,可堆码 4~6 层,有利筒间增温发菌。发菌期室温控制在 20℃~25℃,堆温不超过 28℃,空气相对湿度为 60%~65%。每 5~7 天翻堆一次,以利发菌一致。一般经 25~35 天培养,菌袋即可长满全筒。

4. 催蕾出菇

当菌丝满筒 3~5 天后,进入生殖生长阶段时,即可剥除塑料外套,将其移至室温 14℃~20℃下,提高空气相对湿度达 80%~90%,给予一定散射光,加强通风,经 7~10 天,菇蕾就会大量发生。当菌盖长至 2~3 厘米大时,采用少喷勤喷管水法,再经 3~5 天,子实体即可成熟。

5. 采收

子实体成熟后要及时采收,否则口感差,影响商品价值。头潮菇采收后,及时清理菌筒料面,打扫环境卫生,停水 2~3 天,让菌丝恢复生长,然后再按上述方法管理,先后可出 3~4 潮菇。

（三）室内菌砖墙式栽培法

菌砖墙式栽培法,具有空间利用率高、保湿性能强、染杂率低、补水增肥方便、生物转化率高等优势,是菌砖栽培法的一种进化,值得大力推广。

1. 制作菌模

用 2~3 厘米厚的木板做成内径长×宽×高为 48 厘米×24 厘米×18 厘米的活动木框,木框一头的活动板可以拆下(以利脱模),并制一块长宽稍小于木框的木盖(盖要能压入木框内)备用(图2-4)。

母种　原种、栽培种　活动木框

制备压菌砖的菌种及工具

压菌砖

压菌砖及压后管理

菌砖排放在菇架上
（上下铺盖薄膜）

图2-4 制菌砖

2. 配制培养料

用棉籽壳 92%，麦麸 4%，石膏粉 4%，另加多菌灵 0.2%；或玉米芯（粉碎）90%，麦麸 10%，另加过磷酸钙 4%，石灰 3%，石膏 3%。也可选用常规栽培法中的配方。加水拌匀，堆制发酵 7~10 天，中间翻堆 2 次，当料温稳定不再上升时，散堆，凉至自然温度播种。

3. 压制菌砖

先在菇房及附近场地（整平）地面铺上薄膜，将活动木框放在薄膜上，底层撒些菌种，其上铺料 10 厘米厚，抹平压实，沿框壁四周点一圈菌种，再铺料至略高于框面，压实，撒一层菌种盖面，盖上木盖，人站其上压实，然后脱出框模，揭除盖板即成菌砖。如此一块一块压完后盖上薄膜，让其自然发菌。

4. 准备筑墙土（亦称营养土）

提取菜园土 100 千克，加炉灰 10 千克，过磷酸钙 1 千克，石灰 2~3 千克，尿素 0.5 千克。先干混拌匀铺平，其上泼浇一遍人畜粪尿或沼气池水，待干后拌匀铺平，再浇泼一次人畜粪尿，如此浇拌 3~4 次，使其充分混匀，然后喷 8%~10% 的甲醛溶液和 300 倍的敌敌畏灭菌杀虫，边喷边拌，让含水量达手捏土成团，丢下即散为宜，最后堆积覆膜沤制 15~20 天，使用前 1~2 天散堆摊开，挥发氨臭气待用。

5. 砌筑菌墙

在出菇房或棚室地，用红砖每两块对直并列向前排放，形成宽 48 厘米，高 5 厘米，长 5 米（也可根据菇房、棚室进深长短而定）的砖脚，砖脚上用 0.2% 的高锰酸钾溶液或 1% 石灰水拌和筑墙土使其成为泥浆糊在砖上，将发满菌丝的菌砖横砌在砖脚上，两边平行对砌，中间空隙 12 厘米，两端用红砖直砌堵缝，每条排放菌砖 10 块，菌砖与菌砖间用营养土泥浆衔接，中间形成的凹槽用营养土填平，压至紧而不实，土上用直径为 5 厘米左右的锥形木棒按 15~20 厘米距离打洞至底。第一排砌成后砌第二排，每排砌完后均填营养土压实，共砌 6~8 排，使其成为厚 48 厘米，长

5 米,高 1.5~2 米的菌砖墙。最上面用 5 块菌砖压缝搭盖在两条平行墙上,以增强其固定作用。然后在 6 个空隙处打 6 个洞至底层面上,最后用塑膜覆盖菌块,让其发菌(图 2-5)。

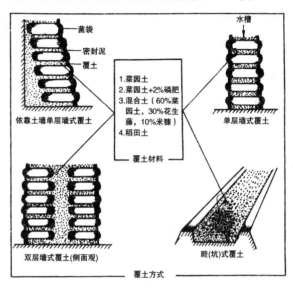

图 2-5 筑墙出菇

6. 发菌及出菇管理

菌墙筑成后 5~8 天便达到基本固结,即可揭除覆膜,采用空间喷雾,提高空气相对湿度至 85%~90%;夜晚开窗通风,使日夜温差达 5℃ 左右,并给予适当光照,即可促使原基形成和正常发育长大。

7. 采收及采后管理

子实体成熟后及时采收。采菇时尽量保持菌墙平整。采完第一潮菇后及时清理菌墙,去掉死菇、菇渣,停水 3~5 天后,往洞槽内灌入 3%~5% 的草木灰液,覆盖薄膜,待现原基后揭膜,再往洞中注入营养液。如此反复管理,可采 4~5 潮菇。

8. 翻墙换面出菇

采收 4~5 潮菇后,用利刀或铁铲将菌砖从连接面原样切开,里外翻面,再按以上方法砌菌墙、填营养土、施营养液,还可出 3~4 潮菇,生物转化率可达 250% 左右。

(四)室外阳畦栽培法

1. 场地选择

选用空闲地或林果园做栽培场,春栽以选葡萄、梨及水杉等果木林园为宜。因为春栽后气温渐高,阳光渐强,林果园有树枝叶可起遮阴、降温、保湿等作用,有利菌丝和子实体生长。秋栽以选秋收后的空闲田为宜,如收割中稻后的稻田等,可不与农作物争地。要求地势平坦,排灌方便,土质肥沃,病虫害少。场地选好后,除去野草等,将其整成宽 1.2 米,深 15 厘米,长不限的畦床,喷洒敌敌畏、多菌灵或石灰水进行灭菌杀虫后待用。

2. 培养料配制

培养料配方可选用常规栽培中的任何一种。配制方法同常规。不论是春栽还是秋播,栽培料最好使用发酵料,以减少病虫害发生,并有利提高产量。

3. 装袋或铺料播种

如果采用袋式栽培,培养料配制好后即用聚丙烯或聚乙烯塑料袋(规格一般为 12 厘米 × 24 厘米 × 0.045 厘米)装料、播种,室内发菌,菌丝长满袋料后排放于阳畦出菇。也可直接将配制好的培养料铺于畦床,采用层播法播种,具体要求同常规。前者在室内发菌,感杂概率低,成功率高,但费工较多,出几潮菇后补水较困难。后者操作简便,工效高,补水肥方便,但感杂率较高,要加强管理。

4. 出菇前后的管理

不论是袋栽还是床栽,室外阳畦栽培在出菇时均需在畦床面上搭建简易竹木拱棚或"人"字形遮阴、防雨棚,棚高 50~70 厘米,上盖塑膜或稻草棚块即可(图 2-6)。出菇前,控制好温湿度,棚内温度以 25℃ 左右为宜,超过 30℃ 时,要揭膜通风;晴天夜晚可揭掉棚膜或棚块,让其露凉,以拉大温差。棚内空气湿度保持在 85%~90%,天气干旱时,每天喷水 2~3

次,促进原基形成。原基形成后,加强通风和增湿,进一步拉大温差,促使子实体成熟。

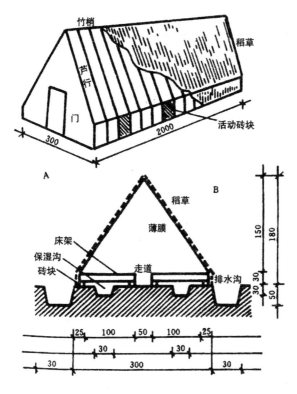

图2-6 稻田"人"字棚示意图(厘米)

A. 立体图 B. 剖面图

5. 采收及采后管理

子实体成熟后及时采收。采收后清理好菌床,停水2~3天,以利养菌。3天后再重复以上管理。一般先后可出4~5潮菇。袋栽出2~3潮菇后,菌袋培养料失水较多,要采用补水器进行注水或浸泡菌袋,注水时可适当添加尿素、过磷酸钙营养成分,有利提高产量。

（五）闽北高效栽培法

据福建南平市浦城古楼区农技站福建宁德职业技术学院吴建兵、龚翔和(2007)报道,闽北地区利用农副产品的下脚料(如棉籽壳、蔗渣、碎木屑、稻草、废棉等)进行鲍鱼菇栽培,可取得良好结果。现将其栽培技术介绍如下:

1. 选择优良品种

要选择性能优良、适龄、长势好的优良菌株,比如 P8120 等。用肉眼观察,菌种无杂色,且菌丝粗壮。若培养料收缩太多,或有自溶现象,坚决弃之不用。

2. 选好栽培季节

鲍鱼菇子实体生长的温度 20℃～32℃,适温 25℃～30℃,以27℃～28℃为最适。根据闽北地区气候特点,每年 5 月上旬至 7 月下旬栽培鲍鱼菇比较适宜,且产量较为稳定。其他地区栽培应根据当地气候条件安排适宜生产季节。

3. 优选袋料配方

科学的培养料配方是高产优质的关键,根据当地原料资源,选用以下适合生产的科学配方。

(1)碎木屑 73%、麸皮 20%、玉米粉 5%,糖、碳酸钙各 1%。

(2)废棉 90%,麸皮 8%,石膏粉、石灰各 1%。

(3)稻草 60%、棉籽壳 28%、麸皮 8%,石膏粉、石灰各 2%。

(4)蔗渣 40%、棉籽壳 40%、麸皮 18%,石膏粉、石灰各 1%。

4. 配料要科学

注意配制顺序,先将辅料充分拌匀,然后再拌入主料,二者混合均匀。含水量 65%～70%,pH 调至 7.3 左右。木屑要过筛,防止扎破筒袋引起污染,拌好料立即装袋灭菌。

5. 严把灭菌接种关

因鲍鱼菇抗逆性弱、分解木质素能力差,需用熟料栽培,不宜用生料、发酵料培养。培养料用高压灭菌维持 2 小时,常压灭菌温度达 100℃左右,持续保温 12 小时以上。灭菌锅内筒袋间必须留有缝隙,排列较松,使蒸汽畅通,注意火力两头要猛,防止灭菌出现"死角"。放气时要缓慢,防料袋胀破或掉塞。灭菌后待温度降至30℃以下时尽快接种。接种可在已消毒处理过的培养室内进行,或在菇棚内设置面积较大的接种帐内进行,用气雾消毒盒2～3克/立方米,消毒30分钟后接种。

6. 严抓发菌出菇关

接种后将菌袋置于菇棚内或栽培室内培养,温度控制在25℃～28℃,空气相对湿度60%左右。经30天左右培菌,菌丝可长满袋底。

菌丝发好后,采用培养基表面出菇法,即培养袋菌丝长满后拔掉棉塞,去除套环,将塑料袋卷至靠近培养基表面外,清除料面上的小菇。菌袋直立排放或斜向堆积在地上。在子实体生长发育期间,要特别注意菇房温度、湿度、光线及通气等的协调作用。

(1)严控温度。菇房温度直接影响原基形成和子实体的生长发育。子实体发育以26℃～28℃最适宜。如果气温偏高,可往墙壁、地面多喷雾状水,勤喷水;没有小菇、气温又低时可关闭门窗,通过将料袋靠紧和覆薄膜等方法促使菇蕾发生。

(2)把握湿度。鲍鱼菇是喜湿性菌类,抗干旱能力较弱,培养料含水量65%～70%时菌丝生长迅速;原基刚分化时,空气相对湿度保持在90%～95%;子实体生长时,空气相对湿度85%～90%。可通过向地面、墙壁喷水或空间挂湿布帘,勤喷雾状水保湿,但切忌直接向菇体喷水,否则菇体变黄、感杂,甚至腐烂。

(3)通风换气。菌丝生长阶段对氧气的要求不甚严格。子实体生长需要较多的新鲜空气,通气不良会造成鲍鱼菇子实体柄长、菌盖小等畸形菇,通风时间长短视当时具体气候条件而定。

(4)适当光照。菇房内以光照40勒克斯以上散射光为宜,不能有直射光。若光线过强,菇体发黄,菌柄变长;光线过暗菇体变黑,影响菇品价值。

7. 选择适宜的出菇方式

鲍鱼菇最佳出菇方式是菌袋袋口反折至料面处,让其菇体自然在料面上长出。菌袋排列可用墙式或直立式置于床架上,或者斜放在地面矮架上出菇,要防止料面上积水而腐烂,可在袋口处割一小口,以利于余水流出。

8. 病虫害综合防治

鲍鱼菇在高温高湿的环境中生长,极易发生病虫害,菌丝生长阶段要防止根霉、毛霉等杂菌感染,严把"三关"(材料关、接种关、卫生关);而子实体发育阶段要把菇棚门窗与通风孔装上纱网,以防菇蝇、菇蚊等成虫为害。

另外,还要预防原基形成后迟迟不分化而枯萎死亡,必须保持菇房相对湿度在95%,以利于原基分化。一旦原基分化为幼菇,就可将相对湿度降低到85%。预防长成畸形菇,要保持适宜的温湿度,常通风换气,并有适宜的散射光。

9. 确保适时采收

子实体长到菌盖近平展、盖缘变薄稍有内卷,孢子即将弹射时采收,采收时一手压住培养料,一手握住菌柄轻轻转动,将菇脚摘下。采收后将料面清除干净,尽快让菌丝恢复生长,以利下潮出菇。

第三章　秀珍菇

一、概述

秀珍菇又叫小平菇、格式侧耳,原产于印度。秀珍菇的形态特征和生物学特性与平菇基本相近,因其个体娇小秀美而得名。秀珍菇鲜嫩质细,口感清脆,具有蟹香味,营养丰富,蛋白质含量高,接近肉类,有"菇中极品"之称。商品美观,秀色可餐,保鲜期长,深受消费者欢迎,是一种很有开发前景的珍稀菇类。

二、形态特征

菇盖灰白色,初扁圆形、扇形,展开后呈圆形或半圆形,盖宽25～45厘米。菇柄偏生或近中生,白色,基部稍有绒毛,盖、柄结合后成为匙形。盖褶延生,密,不等长,肉均呈白色。其子实体颜色因品种温型不同而各有差异,中高温型为咖啡色,中低温型为淡蓝色,高温型为深褐色或铁灰色。孢子印灰白色。(图3－1)

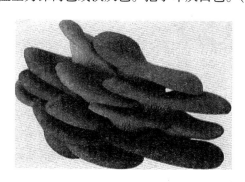

图3－1　秀珍菇(菇体形态图)

三、生长条件

1. 营养

秀珍菇是一种分解力较强的木腐菌,可用多种农作物下脚料做培养基,凡栽培平菇、姬菇的培养料均可满足秀珍菇生长的营养需求。

2. 温度

秀珍菇属中温型变温结实性菇类,菌丝生长温度为22℃~28℃,最适温度为24℃~26℃,子实体生长适温为15℃~20℃,8℃以上温差可促原基分化。

3. 光照

秀珍菇菌丝生长不需光线,原基分化和子实体生长需一定散射光。

4. 湿度

培养料含水量以60%~65%为宜;原基分化和子实体发育,空气相对湿度要求85%~95%。

5. 空气

秀珍菇属好气性菌类,发菌期、现蕾期和子实体生长期均需新鲜空气。通气不良,影响发菌、原基形成和子实体生长。

6. pH

适宜的pH为6.5~6.8。

四、菌种制作

(一)母种来源和制作

一是引种:从正规菌种生产厂家购进斜面母种,在PDA培养基上扩大繁殖;二是自己分离:选用秀珍菇的幼嫩子实体,按常规组织分离方法进行分离培养而获得母种。

(二)原种和栽培种制作

原种和栽培种均可参照平菇、姬菇的制种方法进行生产。

五、常规栽培技术

(一)袋料栽培法

1. 栽培季节

一般于春、秋两季生产。春栽 3—4 月,秋栽 9—10 月,可根据出菇适温提前或推迟 20 天。

2. 培养料配方

(1)杂木屑 74.7%,麸皮 8%,玉米粉 10%,石膏 2%,黄豆粉3%,糖 1%,磷酸二氢钾 0.2%,硫酸镁 0.1%,石灰 1%。

(2)棉籽壳 40%,甘蔗渣 40%,麸皮 18%,轻质碳酸钙 2%。

(3)棉籽壳 93%,麸皮 5%,糖和轻质碳酸钙各 1%。

(4)玉米芯 65%,木屑 14.5%,麸皮 8%,玉米粉 10%,尿素0.2%,磷酸二氢钾 0.3%,石灰和轻质碳酸钙各 1%。

3. 装袋与发菌

秀珍菇栽培工艺与平菇熟料栽培基本相同。培养料如是稻草、玉米芯、甘蔗渣等草料,玉米芯、蔗渣则应粉碎成细粒,以免装袋时将袋扎破。拌料时应将各种料混匀,含水量调至 60% ~65%,以手紧握料,指缝中有水滴为宜。塑料袋选择 17 厘米 ×33厘米 ×0.5 厘米厚的聚丙烯或高密度聚乙烯袋,装料时以培养料紧贴袋壁为度。装完料后,把料面压平,将袋内外培养料擦干净,然后用线扎口,放入灭菌器内灭菌。一般采用常压灭菌,灭菌后待温度降到 30℃ 以下,在无菌条件下将菌种接入袋料中,每瓶栽培种可接 40 ~50 个培养袋。接种后置常温下培养约 30 天后,菌丝即可长满袋。发菌期间应每隔 7 ~10 天检查一次,发现有杂菌应立即拣出,以防蔓延。

4. 出菇场地和方式

秀珍菇栽培可在室内进行,也可在室外大棚进行。可采用立放菌袋,从袋口出菇,也可采用堆叠墙式出菇,还可脱袋排放在畦床覆土出菇。

5. 出菇管理

秀珍菇菌丝长满袋后,需再继续培养3~5天,使菌丝达到生理成熟,积累养分,然后运到出菇场(也可就地)出菇。此时要向地面及四周墙壁喷水,使场地湿度达到85%~90%,增加通风,扩大温差,增加散射光照,促使菌丝扭结形成原基。菇蕾形成时切忌向菇体直接喷水,此时主要是提高场地空气湿度。

6. 采收与采后管理

子实体成熟标志为菌盖长至2~3厘米,菌盖边缘内卷。在孢子尚未弹射时采收为宜。采收时一手压住培养料,一手抓住菇体轻轻扭转即可拔下。秀珍菇多为丛生,采收必须整丛一次性采收完。采收后清理菇脚即可包装上市。采完菇后,应清理干净料面菇脚,防止腐烂感染杂菌,停水3天,覆膜养菌,以利再出菇。

(二)高产袋栽法

据上海市宝山区食用菌技术推广站杨杏花等(2007)报道,秀珍菇外形悦目、菇香浓郁、口感脆嫩、味道鲜美,是一个深受广大市民欢迎的好品种。主要栽培技术如下:

1. 栽培季节

根据宝山区的气候情况,有适宜的自然条件,栽培可安排在3—6月进行;其他地方可根据当地气候和秀珍菇生长对温度的要求,安排适宜的季节生产。

2. 生长条件

(1)营养。秀珍菇是一种生命力较强的木腐菌,能分解纤维素、半纤维素、木质素等,碳和氮是秀珍菇生长最重要的两个营养因子,生产上常用木屑、稻草、棉籽壳等做碳源,添加麸皮等辅料做氮源。

(2)温度。秀珍菇属中温型变温结实菌类。菌丝生长适宜温度22℃~28℃,出菇适宜温度22℃左右。8℃以上温差刺激能促进子实体分化。

(3)水分。培养料含水量掌握在60%~65%,子实体生长阶段,空气相对湿度要求在 85% ~95%。

(4)光照。秀珍菇菌丝生长阶段不需要光照,在原基分化和子实体发育阶段需微弱的光照。

(5)空气。秀珍菇菌丝生长阶段需新鲜空气;子实体生长阶段,为促进菇柄伸长,应增加二氧化碳浓度,但仍需适当通风换气。

(6)pH。秀珍菇菌丝生长适宜 pH 为 6.5 ~6.8。

3. 栽培技术

(1)培养料配方:棉籽壳 55%,木屑 22%,麸皮 20%,石灰 3%。

(2)制种及培养。制栽培种时间为 1 月中旬,选用 17 厘米 × 33 厘米 ×0.05 厘米聚丙烯塑料袋,每袋装干料 0.4 千克。经常规拌料、装袋、套圈、塞棉、灭菌、冷却、接种,然后放入已消毒过的荫棚内着地培养(光线可偏暗些)。培养期间注意适当通风,并尽量保持荫棚内温度的稳定(一般调控在 22℃左右),创造阴凉、干燥的环境,杜绝病虫侵袭及滋生。经 48 ~55 天培养,菌丝可全部长满袋。制种成品率达 99.6%。

4. 出菇管理

菌丝满袋后,应继续偏暗培养 8 ~12 天,以积累充足的营养成分,为出菇高峰打好坚实的基础。当气温稳定在 16℃ ~22℃时,即可开袋出菇,开袋时可随手去除老化的种块,以免影响出菇的整齐性。具体管理要求如下:

(1)催蕾。先将菌袋湿润后,移入冷库房,在 8℃ ~12℃条件下保持 15 小时,然后将菌袋放入荫棚,荫棚内需微弱光照。3 ~5 天后,在料面可出现大量原基,接着很快形成菇蕾。

(2)温度调控。出菇场所温度宜控制在 20℃左右,让菇蕾充分生长发育;出菇后温差不宜大,棚内温度应相对稳定,以保证秀珍菇的正常生长。

(3)湿度调控。出菇棚内湿度宜控制在 90% 左右。采用轻喷勤喷方法,不宜用重水。当秀珍菇的菌盖长到 2 厘米时,要停止直接喷水,可向空中喷雾状水,以提高一些空间湿度。

(4)空气调节。秀珍菇能耐较高浓度的二氧化碳,为达到市场对较长菌柄的品质要求,须适当减少通风。但天气过热过闷时,仍需及时通风,通风一般在早晚进行;空气干燥时通风时间可短一些,空气湿润时通风时间可稍长一些,通风掌握在不造成棚内温湿度变化过大为宜。

(5)光照调节。秀珍菇生长阶段,对光照要求不高,只需微弱的散射光就可以了。

六、病虫害防治

秀珍菇生长期间,主要病虫害是绿色木霉、链孢霉、瘿蚊和菇蝇[图3-2(1)、图3-2(2)、图3-2(3)]。

康氏木霉   绿色木霉

A. 木霉

图3-2(1)　几种杂菌和害虫

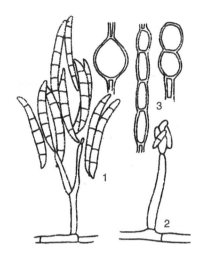

B. 一种链孢霉菌

1. 大型分生孢子　2. 小型分

生孢子　3. 厚垣

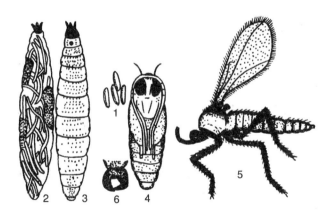

C. 瘿蚊各虫态

1. 卵　2. 母虫　3. 老熟幼虫　4. 蛹　5. 成虫(♀)

6. 雄虫抱握器

图3－2(2)　几种杂菌和害虫

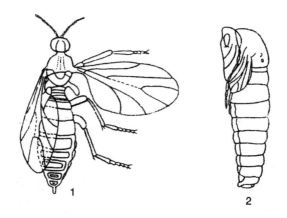

D. 菇蝇

1. 成虫　2. 蛹

图3-2(3)　几种杂菌和害虫

1. 绿色木霉

绿色木霉是危害秀珍菇的主要竞争性杂菌之一。菌袋培养时、出菇期转潮时,遇到高温容易发生绿霉菌。

防治方法:制种时灭菌要彻底,但料不可过熟;接种小环境要保持无菌状态,原种要适龄健壮;培养及出菇场所保持凉爽、干净、卫生;菌袋要达到生理成熟;注意通风换气。

2. 链孢霉

高温、高湿易产生链孢霉,链孢霉是危害秀珍菇的主要竞争性杂菌之一。

防治方法:制种时灭菌要彻底;切实搞好菇房内外的环境卫生;加强遮阳,降低内部温度;及时通风换气,降低内部湿度;始终保持菌袋棉塞的干燥清爽。

3. 瘿蚊和菇蝇

瘿蚊和菇蝇是危害秀珍菇的主要虫害。

防治方法:出菇结束后,及早处理旧菌袋;经常保持菇房内外清洁卫生;菇房通气口及进出口设防蝇网;一旦发生虫害,采用杀虫灯诱杀;无菇期可用 25% 杀灭菊酯稀释 1000 倍防治。

七、优化栽培新法

（一）优质袋栽法

1. 栽培季节

秀珍菇属于广温型或中高温型,变温刺激才能产生子实体的菇类,最佳的栽培季节当属春季。以长江流域中、下游为例,一般 2 月上旬至 5 月中旬均可分批、分期投料,制菌袋后室内略加保温措施,或者摆放在室外菇棚内,白天有太阳增温,阴天或夜晚覆盖薄膜、草帘等保温,料袋内的温度即可达到 8℃ 左右,有利于菌丝缓慢生长。3 月初制作的菌袋,料温在 12℃ 左右,有利于菌丝生长。需加强通风,防止杂菌发生。2 月上旬制作的菌袋,3 月中、下旬的棚内、室内气温可上升至 15℃ 以上,夜晚温度为 5℃ 左右,昼夜有 7℃ ~10℃ 的温差,十分有利于秀珍菇的分化和大量生长。5 月中旬制的菌袋,完成发菌只需 30 天左右。当发菌结束后,将菌袋放在冷库低温刺激后,就可正常出菇。

2. 生长条件

（1）营养。秀珍菇属纤维素分解菌,栽培主料为棉籽壳、阔叶树木屑、玉米芯、甘蔗渣及各种作物秸秆等,辅料有麦麸、米糠、石膏、石灰、微量元素、磷酸二氢钾、硫酸镁、硫酸锌等。

（2）温度。秀珍菇没有低温型,只有广温型,菌丝生长温度为 2℃ ~35℃,但以 24℃ ~26℃ 最为适宜;子实体生长温度为 5℃ ~30℃,以 15℃ ~20 为适宜;在 12℃ 以下子实体不分化。

（3）湿度。培养料含水量为 60% ~65%,空气湿度为 65%,子实体分化及生长时的空气湿度以 85% ~95% 为宜。

（4）氧气。秀珍菇属好气性菌类,菌丝生长及子实体发育过程中,均需要有良好的通气性,空气中氧气含量约为 21%,如场地通风不畅,培养料含水量高,会造成生长发育不良。为了增加菌袋的通透性,可把培养料含水量控制在 55% ~60%,另添加 6% ~8% 的珍珠岩粉,可在菌袋内起保水、蓄水作用,又能起通气作用,可促进菌丝生长,缩短发菌期。

（5）光照。秀珍菇菌丝生长期不需光照,发菌完成后子实体分化前要给予光照、温度刺激,其光照为散射光即可,光照强度以在出菇棚、房内能看清报纸字迹为宜。

（6）pH。栽培料 pH 用 3%～6% 的石灰调节到 7.2～7.5,以防止嗜酸性青霉菌的感染,熟料培养基应加石灰 3%,发酵料应加 5%～6% 的石灰。

3. 培养基配制

培养基是秀珍菇赖以生存的营养基础,科学选料和配制是秀珍菇获得高产、优质的保证。一般栽培平菇、姬菇的培养基,也适合栽培秀珍菇,但要保证氮源的添加量。可供选用的培养基配方有如下几种:

（1）杂木屑 70%,麦麸 28%,蔗糖 1%,轻质碳酸钙 1%。

（2）软质木屑（杨、柳、意杨等）70%,米糠 20%,禽粪（干粪）5%,石膏 1%,石灰 4%。

（3）棉籽壳 40%,甘蔗渣 40%,麦麸 18%,轻质碳酸钙 2%。

（4）棉籽壳 93%,麦麸 5%,蔗糖、轻质碳酸钙各 1%。

（5）玉米芯 65%,杂木屑 15%,玉米粉 10%,麦麸 10%。另加石灰和轻质碳酸钙各 1%,磷酸二氢钾 0.3%,尿素 0.2%。

以上配方,各地可因其资源任意选用。每一配方中均加入 0.2% 的硫酸镁、磷酸二氢钾及 0.1% 硫酸锌等。

4. 菌袋制作

培养料原料如是秸秆、玉米芯、甘蔗渣等,应先粉碎成豆粒大小,称量后混合均匀,微量元素及石灰可分别溶入水中,再加入料中,再加水充分拌匀做堆,覆盖薄膜,让料堆自然发酵 24 小时左右,使培养料充分吸收水分、软化。发酵结束后调节料堆水分为 60%～63%,以手紧握堆料,指缝有 2～3 滴水滴出为宜,并加拌石灰 3%～4%,使 pH 达 7.2～7.5。趁料堆发热时及时装袋,袋料可选用 0.05 厘米 ×17 厘米 ×33 厘米或 0.05 厘米 ×20 厘米 ×35 厘米的聚乙烯或聚丙烯筒料装入,务必装紧、压实,每袋装干料

500 ~ 600 克,扎好袋口,并及时进入常压蒸汽灭菌灶或高压灭菌锅中。按灭菌操作灭菌,常压 100℃下灭菌 14 ~ 16 小时,高压 125℃下灭菌 2 小时,使其彻底灭菌。然后趁热(60℃左右)搬入预先打扫干净、经消毒的接种室或接种棚内,待培养料降温至 30℃以下,把准备好的优质秀珍菇菌种接入培养料两端。菌种要剔除老化、污染菌种;接种前、接种中、接种后要分别使用气雾消毒盒、"菇保一号"等消毒剂,对操作环境定时实施消毒。同时接种时温度要控制在 25℃以内,最好在夜间突击接种。操作中搬运料袋要轻巧,及时用消毒胶水贴薄膜方式修补有破损的菌袋,并防止漏接、接重等现象。

5. 发菌管理

将已接好的菌袋搬入发菌室、棚,摆放一层或"井"字形做堆,控制培养温度在 10℃ ~ 32℃,最好在 25℃左右,黑暗条件下发菌 3 ~ 5 天。以后每星期检查一次,给发菌室开门、开窗通入新鲜空气,每次 30 ~ 40 分钟;另要逐一检查菌袋两端接种处,了解菌种成活情况,发现杂菌的要立即拣出,对症处理。菌袋发菌期最忌通风不良和高湿环境,否则链孢霉、曲霉、青霉等杂菌极易发生,而且蔓延极快,要提前做好防范工作。

发菌期为 25 ~ 30 天,菌丝即可长满菌袋。菌丝发到底后 7 ~ 10 天便可进入出菇管理。

6. 出菇管理

出菇管理就是为已发完菌的菌袋创造条件,使其尽快、整体转入子实体分化及生长阶段,这一阶段要做好以下管理。

(1)提前选择好出菇场地:室内要通气性好;忌东西向室内出菇,更不能有西晒太阳进室内;出菇场要有散射光,要近水源,有利于保温、隔热。

出菇场也可以就在发菌室。为了利用空间,可以在室、棚内搭架,通常菇架宽度 40 厘米,每层高 60 厘米,一般 4 层。菇架上、下、左、右应相互连接成一整体,防止菌袋上架后坍塌或倾倒。菌袋发好菌后,应分层排放在菇架上,一层菌袋摆放在菇架上,压紧,再摆第二层菌袋,把每层菇架所有空间塞满,菌袋两端朝菇架两侧,便于管理、出菇。

(2)出菇场地使用前要搞好卫生,要用2~3种消毒剂,如2%石灰水、5%漂白粉等喷洒,杀虫、灭菌,并使菇房始终维持在碱性环境,使病虫、杂菌无法繁衍。其地面最好做成水泥地,并要有良好的排水沟,以便菌袋保湿时,地面不积水和泥,影响操作管理。

(3)春季制袋,可以按春季气温变化,做到自然出菇。如是周年生产,菌袋发完菌后,气温在25℃以上,发好的菌袋因没有变温刺激,大多不能及时进入子实体分化,而此时属高温季节,市场需求产品,而且价格较高,为了满足市场,种菇户要提前租用冷库或自建一座小型保鲜冷库,在高温季节,把发好菌的菌袋冷却处理8~12小时,再出库上架,控制出菇场地气温在32℃以下,即可以正常进行子实体分化,数天后便可出菇。如个别时段气温在32℃以上,应向室内喷洒深井水降温,同时加强室内通风、排湿,做到安全度夏。

7. 病虫害防治

(1)综合防治:培养优质菌袋,提高菌袋抗杂菌感染的能力;创造一个干净整洁、通风良好的出菇环境;采取科学有序的管理措施,把菇房内杂菌、病虫害危害降低到最低限度。

(2)菇房消毒:用0.2%~0.3%的过氧乙酸对菇房内及四周进行喷雾消毒灭菌。

(3)对青霉、链孢霉、曲霉等杂菌可用生态防治,把菌袋pH适当调高至7左右,菇房环境用2%石灰水调为碱性环境,加强菇房通风等,便可有效降低霉菌的发生。

(4)高温季节,菇房易发生菇蝇等害虫,可在菇房喷洒生物农药,如烟碱、除虫菊等进行防治,必要时可选用菊酯类高效低毒药剂进行喷雾杀灭。

8. 优质菇的促控管理

优质商品菇要求菇盖不能过大,菇柄要相对长些。根据食用菌的生产原理,收菇房内用薄膜分隔成若干小区,以3~4架为一区,用薄膜像蚊帐一样罩起来,根据菇形生长状态,控制帐门的张开程度。随着空气中二氧化碳浓度增大,菇盖生长期明显缩短,而菇柄生长加快、变长。但要防止促控过头,致使产品品质下降。

9. 采收

合格的商品菇,要求菇盖直径 4 ~ 6 厘米,菇柄长度 5 ~ 7 厘米。及时采收,有时一天要分多次采收。采收时一手压住培养料,一手抓住菇柄轻轻扭转即能拔下。整体采收完,料面菇脚残茬要用不锈钢耙清理干净,防止腐烂感染杂菌。

秀珍菇整个生长周期为 3 ~ 4 个月,且潮次多达 8 ~ 12 潮。每潮产菇期相隔 8 ~ 12 天,产量主要在头 3 潮内。

10. 采收后的管理

采收一潮菇后,应立即给菇房大通风 1 ~ 2 天,使菇袋两端略干,并用不锈钢耙或镊子结合搔菌等管理,除去残茬、菇脚等。接着给菌袋喷重水,进行再出菇管理。一般收过几潮菇后,培养料含水量都偏低,可用 1% 石灰水清液、0.2% 硫酸镁、0.1% 的硫酸锌、0.2% 的尿素混合液灌注,以补充菌袋水分不足、营养物质的过度消耗,还可以复壮菌丝,增强出菇的后劲。

11. 鲜菇整理与保鲜

秀珍菇采收后,按菇盖直径 4 ~ 6 厘米,菇柄长 5 ~ 7 厘米标准要求,拣出不合格产品,除尽杂质,进行包装。根据客户要求,用泡沫托盘分装成 100 克、150 克,以伸缩薄膜包装;或用 40 厘米 × 60 厘米聚乙烯包装袋,每袋装 2.5 ~ 3 千克,用家用吸尘机抽去空气,扎紧袋口,放入专用泡沫塑料箱中,内放置袋装冰块或放入用过的矿泉水结冰瓶,封盖后置于保鲜冷库,降温到 4℃ ~ 8℃待运。泡沫箱装秀珍菇加冰块等培育车外运时,箱外应用棉被保温;或夜间行车,可保鲜 15 小时。

(二)反季节栽培法

我国福建、广东、浙江等沿海地区,城镇人口多,消费水平高,是秀珍菇等珍稀菇类集中消费地,开展反季节栽培有较大市场前景。福建省农业科学院陈君琛等采用该院选育的优质水稻“201”稻草秸秆,经粉碎成秸秆粉后,替代栽培秀珍菇的部分麦麸获得了很好的结果。该项技术以"201"秸秆粉替代传统培养基中的50%麦麸,可使制袋成品率达98%以上,霉菌污染率下降82.78%,还可以降低生产成本。在我国南方水稻产区,具有推广价值。

秀珍菇本质上属广温型或中高温型菇类,选择适当的阴凉、通风环境做场地,辅之以小型冷库对发好的菌袋低温刺激,再进行出菇管理,这是该项技术可行的关键所在。

培养基中麦麸的添加量是造成高温、高湿条件下导致出菇时污染率高的重要原因,但不加或加少了又影响产量。陈君琛等选用"201"稻草秸秆粉替代部分麦麸用量,稻草粉粗蛋白质含量为8%～10%,接近细米糠或玉米糠的粗蛋白水平。用此料制作栽培菌袋,较好地解决了这一矛盾,使秀珍菇反季节高效栽培技术得以进一步完善。

1. 培养基配方

(1)棉籽壳50%,木屑12%,麦麸13%,201稻草粉23%,轻质碳酸钙2%。

(2)棉籽壳50%,木屑23%,麦麸25%,轻质碳酸钙2%。

(3)木屑78%,麦麸10%,201稻草粉10%,轻质碳酸钙2%。

(4)木屑78%,麦麸20%,轻质碳酸钙2%。

2. 供试菌种

引自台湾的菇盖浅灰色"小平菇"菌种。

3. 制袋与发菌

将以上配方任选一种,加水和匀,使水分含量达65%左右。用0.05厘米×15厘米×30厘米聚丙烯塑料袋装料,每袋装干料重300克,加套环、塞棉塞,立即进行常压灭菌,升温至100℃,保温12小时。当菌袋温度降至28℃以下,在无菌条件下接入秀珍菇菌种。在25℃～28℃条件下培养发菌,经30天左右菌丝即可长满袋。

4. 低温处理

将以上发完菌的菌袋,送入2℃～4℃冷库中,低温处理10～

12 小时。

5. 出菇管理

将菌袋移入出菇室,按常规注意调节好温湿度等,促原基分化和子实体正常生长。子实体成熟后及时采收,生物学效率可达80%以上。

(三)半地下袋料(棚)栽法

1. 栽培季节

黄河以北地区,秋栽 8 月下旬至 9 月中旬播种,11 月底至 12 月上旬就可采收完毕。春栽 4 月中旬至 6 月底采收结束。长江流域地区,秋栽期为每年 9 月中旬至 10 月上旬播种,10 月底至翌年 4 月中旬采收;春栽为 2 月至 3 月发菌,4 月至 6 月初采收完毕。各地可因地制宜选择播种时期。

2. 菇棚建设

菇棚设置以东西方向为长轴,地下挖沟深 2 米,宽 2.5 米,沟长 30 米,用竹片横沟方向建弓形顶棚,棚顶以塑料覆盖,其上再盖防水篷布或草帘,从棚顶至沟底距离 3 米。整个菇棚分地上、沟内两层(图 3-3),每层由竹子或柳条织成 4 层菇架,在菇架上放入秀珍菇菌袋,让其发菌出菇。

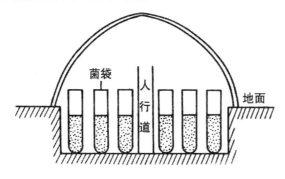

图 3-3　半地下式供料棚栽示意图

3. 原料配方

培养料以棉籽壳为主料,适当添加麦麸、米糠等辅料为最优。

如果当地棉籽壳价格高,以棉籽壳为主,添加30%~40%的秸秆类原料亦可,100千克棉籽壳加2.5千克玉米粉,2.5千克麦麸,5千克饼粕粉,1千克石膏粉,200克磷酸二氢钾,3千克新鲜石灰粉,多菌灵800倍液,充分混合均匀,堆沤2小时后装袋、发菌,其生物学产量可由50%提高到100%。

4. 原料配制

培养料拌和时,拌水量以1:(1.25~1.35)为宜。加水量与培养料固有的含水量为56%~57%,完全能满足菌丝生长期的需水量。袋内水分稍低,空气含量增加,菌丝生长加快,发菌期短,菌体坚实,出菇早。

5. 袋料要求

用30厘米×(50~55)厘米长宽袋装料发菌,有害气体难以散发,氧气不足,容易滋生厌氧菌,导致原料酸败变质,而且高温时降温慢,发菌期延长,产量低。如改用24厘米×(40~45)厘米短窄袋,发菌快,出菇早,转化率高,周期短,2个多月结束采收。

6. 接种要求

用块状菌种与培养料混合播种,块状菌种菌丝受损小,恢复生长快,耐挤压,且充分与料结合,吃料快,抗杂性强,有利于早出菇。

7. 发菌管理

室外发菌,发菌空间增大,料温不易升高;袋内通气状况好,有害气体散发快,菌丝生长快,满袋期缩短,有利于高产。

8. 出菇管理

可采用"二区制"出菇法,即把发菌区与出菇区分开,办法是:在室外接近天然的菇场发菌,发菌完成时,将菌袋放入冷冻室进行低温刺激后,再摆放到经过彻底消毒、温湿可以调节的出菇室进行出菇管理。采用"二区制"出菇法,可以把菌袋在前期积累的污染物,即病虫害危害物集中清除,减轻危害,有利于高产和优质菇的生长。

9. 采收

当子实体成熟后及时采收。

(四)覆土高产栽培法

1. 覆土栽培增产的原因

(1)覆土后,土壤湿润,为出菇提供充足水分。菌袋经过一个多月的发菌、菌丝消耗、空气的蒸发作用,或再经一两次出菇,菌袋内水分严重不足,通过埋入潮湿的土壤中,菌丝体可以从土壤中吸收水分。菌袋缺水,是没法完成子实体分化和出菇的。

(2)覆土后为秀珍菇的生长和发育补充了营养源。土壤中含有丰富的腐殖质和氮、磷、钾、钙、硫、镁、铁、硼、锰、铜、锌、钼等矿物质元素,以及多种维生素等,可为菇类提供辅助的氮源营养、矿物质营养及生长因子。此外,土壤中的有益于微生物对菇类生长发育会造成一种生物刺激,有利于菌丝生长及原基分化。

(3)覆土层创造了一个良好的生态环境。首先,覆土层的重力,对菌丝的分化造成了一种机械刺激。其次,菇床经过覆土,培养料层与覆土层之间形成了新接触界面,两个界面之间形成了一种营养差度,即培养料的营养成分有别于覆土层,有利于菌丝体从覆土层吸收和转运营养物质,加速子实体的形成和发育。同时,覆土层能对菌丝体的分化、子实体的直立起支撑和扶持作用。

(4)覆土能抑制杂菌的生长繁殖。一些常见的杂菌,如青霉、曲霉及红色链胞霉等均属于好气性微生物。通过覆土,能隔离杂菌与空气的直接接触,如能在覆土层中添加2%～3%的石灰或草木灰,不但能造成一个高 pH 环境,能抑制大部分野生性真菌生长,还能为菇床起到施肥作用。

(5)覆土有利于均衡出菇。代料栽培没有覆土的,培养料中可溶性碳素营养、氮素营养丰富。由于培养料直接接触空气,生物化学作用十分强烈,容易造成前期生长过旺,很多营养来不及用于合成作用,营养浪费大,水分损失快。到了后期,由于营养、水分代谢跟不上,产量质量逐批下降。调查表明,经覆土后的培养料,前期、中期和后期出菇量均较平衡。这是因为覆土能调节供氧量,减缓生物化学作用强度,延长生物转化过程。此外,覆土能起到增肥、保水作用,表现为出菇后劲足,各批次的鲜菇产量均衡,菇质外形及内在品质都有明显提高。

2. 覆土方法

发好菌后,立即脱袋覆土,以采用单层菌墙式覆土和畦厢式覆土为宜,其产菇量高。具体方法如下:

(1)单层菌墙式覆土:将发好菌的菌袋在菇棚内脱去薄膜,直接把菌袋按单层菌墙式堆码覆土。菌墙高1~1.5米,菌袋与菌袋之间用湿润肥土填塞,菌墙顶层用土砌成蓄水沟,定期往蓄水沟注入营养水,以便向菌袋经常补水。

(2)畦厢式覆土:将脱去薄膜的菌袋,摆放在深0.4米,宽0.8~1米,长4~5米的畦厢内,填入肥沃潮湿的土壤。菌袋表层土壤厚1~2厘米,浇重水一次。菇棚内每天浇水保湿。

(3)覆土材料:多用泥炭土。泥炭是沼泽植物,动物死后,在空气不足和积水及潮湿环境下,通过厌氧微生物缓慢分解而逐渐形成。泥炭土具有疏松、吸水性好、有机质丰富的特点,单独使用或适量添加麦麸、米糠,可以做多种食用菌的覆盖用土。

泥炭土应选择成熟度高,植物残渣少,黑褐色,颗粒直径0.5~5毫米,持水力强,湿润时疏松不黏结,pH 6.5左右的土资源。泥炭块大而坚硬,黏性大,湿润时易结块则不宜采用。没有泥炭资源的地方可因地制宜,配制成不同的合成土做覆土。合成土有如下几种。

①稻壳合成土:选择腐殖质多、肥沃的菜园土,除去瓦片、石子等杂物,整细经阳光晒干备用。使用前加入5%~10%的稻壳,稻壳先用5%石灰水预湿,拌入稻壳后的土层再经1%~2%的福尔马林和0.5%敌敌畏混合液拌匀熏蒸消毒。具体做法:把混入药液的土层上堆,四周盖上薄膜,周边用土层压实,让土堆密闭24~48小时,然后揭膜,翻拌土堆,使药液散发,并用2%碳酸钙粉和草木灰将pH调至7.2~7.5,用细水均匀调节覆土含水量至20%~30%,即可使用。

②塘泥合成土:以无污染的塘泥,加入10%稻壳,5%草木灰,2%碳酸钙混合调匀后使用。这种合成土比常规覆土能明显促进菌丝生长,提早5天左右出菇,菇体洁白肥厚、产量高。

③稻草合成土:取稻田埂土,整碎后用草木灰水浸透,加入石灰粉拌匀,石灰用量2%,稻草按20%~30%加入,使其成糨糊状。稻草切成3~4厘米长,预先用5%石灰水浸泡消毒后沥干,拌入上述"糨糊"中即成。

培养料配方、配制及装袋、灭菌、接种、发菌、出菇管理采收等同常规。

八、秀珍菇出菇异常问题及其处理

据浙江省常山县农业局黄良水等(2009)报道,秀珍菇在出菇过程中经常出现菌袋霉烂、出黄水、不出菇、出菇不齐及萎缩死菇等异常现象,严重影响了产量和质量,降低了菇农的收入。笔者通过多年的试验观察,并总结了菇农的生产经验,现将有关技术介绍如下:

1. 菌袋霉烂

(1)症状表现:菌丝生长初期旺盛,而后逐步转色、软化,前端约5厘米的菌丝仍保持生长旺盛,这样就形成了明显的层次,类似高温圈。这种菌袋的菌丝长至2/3时,袋口菌丝逐步被木霉感染。开袋前产生大量黄水,菌袋局部变绿。开袋后或第一批采收后,有的菌袋菌丝从底部逐步退缩,料变黑,最后霉烂。

(2)发生原因:

①菌种活力下降。菌种活力包括种性、菌龄和菌种培养环境。种性退化、菌龄太长,菌丝活力必然下降。菌种培养温度过高或偏低、通风不良、光照强,菌丝生活力肯定很差。生产中使用已老化或在低温环境下自然发菌的菌种,接种后菌丝照样萌发、吃料,并且可以长满袋,但留在袋口的老菌块生活力差,已无力抵御开袋后外界杂菌的侵袭,甚至老菌块成了杂菌萌发的基质。

②菌袋含水量高,袋口通气性差,袋内菌丝未发透,随着温度升高,培养料感染霉菌而腐烂。

③第一批菇采收后,立即出第二批菇,或者遇到高湿闷热天气出菇,培养料易腐败。

④菌丝未吃透培养料而向袋内灌水,使菌丝失去活力。

⑤黄菇病引起。

(3)预防措施:

①选择适宜的品种和使用活力强的菌种。

②严格控制培养基含水量60%~65%,而且要等菌丝长满全袋再开袋出菇。

③第一批菇采收后要加强通风,降低湿度,尽可能避开高湿闷热天气出菇、转潮。

④菌袋表面霉菌,在发病初期,割去表面培养料及菌丝,涂上石灰水风干,防霉效果明显。

2. 袋口出黄水

(1)症状表现:菌丝生长初期旺盛,长至菌袋1/2时,袋口菌丝逐步泛黄,吐出黄水。黄水初期色浅,而后逐步变深,最后转为酱油色。黄水严重时会从袋口流出,而且随着温度的升高而加剧。黄水大量产生时,隔绝了菌丝的正常呼吸,菌丝生长速度减慢,最终停止生长。表面的菌种块长时间被黄水浸泡而变得松软,菌丝自溶,最后感染霉菌。

(2)发生原因:进入出菇前期的菌丝,常有棕黄色水珠分泌在培养料表面,这种现象认为是菌丝体已进入生理成熟期,是出菇的先兆。但是过早、过多地形成黄水就有问题了。这种异常情况与以下情况有关:

①与所用菌种活力有关。

②与培养环境温度有关。菌袋培养环境温度忽高忽低,刺激菌丝生理变化,产生黄水;黄水没有及时处理,导致烂袋。黄水过多,长时间后隔绝了菌丝的空气交换,导致菌丝窒息死亡。同时生理黄水含有大量营养物质,成为杂菌生长的培养基质,导致感

染霉菌。

③与袋扎口方式有关。采用棉花塞或无棉盖体封口,不易产生黄水;采用扎口绳封口,通透性差就很容易出黄水。

④与菌袋是否被细菌污染有关。高温季节制袋,装袋前培养料就开始发热,细菌大量繁殖,菌袋培养后期也很容易产生黄水现象。

（3）预防措施:

①选择适宜的品种和使用活力强的菌种。

②保持稳定适宜的培养温度,加快菌丝生长速度。

③采用棉花塞、无棉盖体等通透性好的材料封口。

④缩短拌料与灭菌之间的时间间隔,控制微生物的自繁生物量,减少菌袋被细菌污染概率。

⑤发现袋口出黄水及时打开袋口,加强通风,使袋口料面干燥,加快菌丝生长速度。当菌丝长满全袋后,搔去菌袋表面的老菌种块,直接进入出菇管理。

3. 子实体萎缩、死亡

（1）症状表现:初期子实体多、密,后枯黄至死亡,或剩余几朵或全部死亡。

（2）发生原因:

①水分不当。一是缺水死菇。通风过快,使空气相对湿度不足,培养基缺水,导致菇体失水。春末夏初之际,干热风带来的空气相对干燥。关闭通风窗,棚内温度急剧上升;打开通风窗,热风会使菇体迅速缩水,干卷上翘形成焦菇。二是积水死菇。菌丝或菇体表面积水。在低温出菇时,由于棚内温度高于外界温度,喷冷水会使幼菇受刺激而形成黄头僵菇。

②温度不适。一是温度变化太大,造成营养回流,引起死菇。在入冬与入春两个节口,由于天气变化无常,直接影响到大棚内的小气候。秀珍菇在低温时出菇已经是很困难了,而密封的大棚在阳光的作用下,温差达10℃以上,又不通风,高浓度的二氧化碳会使菇体柄粗,头尖或无盖。通风,菇体遇冷空气侵入会迅速"感

冒"而死去。二是持续高温、闷热。正常情况持续28℃以上高温,不经低温处理,很难出菇。在初夏与入秋时节,常在大雨来临前出现空气闷燥现象,而此时,棚内环境正处于高温状态,这样菇体经2~3小时就会像海绵一样松软死去。

③通风不良。菇房大小不一易造成通风不匀,形成局部缺氧。种植密度太高也会造成通风不畅,二氧化碳浓度过高,易形成长柄菇或死菇。通气不良也易造成死菇霉变,从而影响正常菇生长,甚至死菇。

④施药不慎。由于虫害多发生于高温季节,而秀珍菇菌丝又是浓香型味道,害虫对菌丝体侵入特别严重。药液稀释太大,不能有效杀死料表面的害虫;药液浓度太大,在短期内不会消失,导致畸形菇和死菇的发生,严重的会影响第二、三批出菇。

(3)预防措施:

①调节好水分。制袋前,培养基含水量应调到60%~65%;出菇期间,空气相对湿度应调到90%~95%;喷水要轻,细雾多次,防止菌袋表面积水与原基松动;出菇期通风时,要注意防止热风或冷风长时间直吹菇蕾;喷水的温度一定要接近棚温,原基刚形成时,尽量不要喷水。

②控制好温度。小菇形成后,不宜有较大的温差变化。要注意避免通风过度引起温度变化过大。菌袋一定要进行低温处理,同时要拉大温差,一般在10℃~15℃;还要注意菇房的通风与降温,一般不要持续超过28℃。

③通风管理:单间菇房以100平方米为宜;墙式栽培叠墙不宜过高,一般不超过2米;每层菌袋用两条竹片垫隔,每层袋口错开摆放。

④谨慎用药。提倡采用防虫网、黑光灯、黄板等物理方法来防止菇蚊侵入,在出菇间隙可以施用氯氰菊酯、阿维菌素杀灭害虫。

第四章 几种珍稀菇菌

一、绣球菌

（一）简介

绣球菌别名绣球蕈、对花菌、干巴菌、椰菜菌、蜂窝菌等，为担子菌纲、绣球菌科真菌，因形似绣球而得名，是一种珍贵的野生菇菌。自然分布于黑龙江、吉林、西藏、河北、云南、福建等地，在欧洲、大洋洲和北美洲亦有发现。

绣球菇营养丰富。据测定，绣球菌每 100 克干品中含蛋白质 15.58 克，脂肪 7.95 克，还原糖 48.7 克，甘露醇 12.93 克，聚糖 1.72 克，海藻糖 7.41 克，灰分 4.49 克；还含有维生素 B_1、维生素 B_2 及维生素 C 等成分。灰分中的矿质元素高于一般菇菌。

绣球菌肉质脆嫩，香味宜人，风味独特，口感佳美，被国内外美食家公认为"菌中珍品"及野生珍稀菇菌。

20 世纪 80 年代以来，国内外不少科研单位对绣球菌进行了人工驯化栽培。90 年代日本首获成功，并进入商业化生产。而后韩国也成为世界第二个绣球菌生产国家。我国吉林、山东、四川、福建等省区先后进行了试验研究。2004 年福建古田县科峰食用菌研究所从东北引进菌种，进行栽培试验，掌握了绣球菌的生物学特性、生理生化条件及人工栽培技术。

（二）形态特征

子实体丛生，形似绣球。菌盖直径 10～14 厘米，近白色、奶油色，灰白色至垩黄色。菌柄不明显，灰白色上长有许多扁平带状枝，枝端形成许多曲折的瓣片，或多或少扭曲，或呈波浪状起伏，相互交错；片状肉质，瓣片似银杏叶状或扁状，片薄，嫩时易碎。烘干或晒干后瓣片颜色变暗,质硬而脆,子实层生于瓣片下侧,平滑。孢子(6~8.8)微米×(4.6~5.1)微米,近球形至广椭圆形,微黄色。(图4-1)

图4-1 绣球菌

(三)生态习性

绣球菌常发生于秋季,在云杉、冷杉或松林及混交林中分散生长,多生长在湿度较大的背阴山地,山地荫蔽度为60%~85%。发生地的降雨量在1500~1800毫米。出菇期间要雷雨气候,由于雷雨前一般为闷热天气,降雨后增加了林地的湿度和空气湿度,并产生变温。响雷的震动对绣球菌形成子实体也有一定刺激作用。此种气候条件非常适合绣球菌生长发育,容易形成菇蕾。这些习性,人工栽培时可以参考。

(四)生长条件

人工栽培绣球菌时,要满足以下生长条件:

1. 营养

绣球菌生长需要氮源与碳源。用棉籽壳、杂木屑、玉米芯、棉秆和黄豆秆(粉碎)做栽培主料,适当加麦麸、玉米粉等,即可满足其营养要求。

2. 温度

绣球菌属中温型菌类。菌丝在10℃~30℃均可生长,最适温度为20℃~26℃,10℃以下和33℃以上停止生长,15小时会死亡。原基形成20℃左右,低于12℃,原基难以分化。子实体发育温度为14℃～26℃,当温度在18℃～25℃时,长势良好,子实体展片正常,菌体肥厚,产量高,品质优。超过26℃时,子实体容易枯萎死亡,还会引起感染,造成细菌性软腐病。

3. 水分

绣球菌培养料的含水量以60%～65%为宜。菌丝生长阶段空气相对湿度保持在70%以下;原基形成时要提高到80%～85%,超过90%菌丝徒长,对出菇不利。子实体生长期空气相对湿度要调到85%～90%,采菇前控制在75%～80%。含水量低,有利防止病害发生,并能提高菌体品质。

4. 光照

菌丝生长不需光照。子实体生长发育需要一定散射光,才能形态正常,色泽好。子实体生长期,每天需要500～800勒克斯光照度。

5. 空气

菌丝生长需氧量较少,且一定浓度的二氧化碳对菌丝生长还有良好促进作用。原基形成和子实体发育需要充足的新鲜空气,如通风不良,氧气不足,菇体生长慢,遇上高温高湿还会引起腐烂。

6. 酸碱度

菌丝生长的pH范围为4.5～8,最适pH为5.5,子实体形成的最适pH为5.5～6.5。

（五）菌种制作

1. 母种制作

（1）母种来源。一是引种:福建省农科院有从日本引进培养的绣球菌菌种,编号为绣球菌A和B,可以购买试管斜面母种进行扩繁。二是采集野生绣球菌子实体及基内菌丝,进行组织分离,通过提纯,获得纯母种。组织分离方法同常规。

（2）培养基配方:

①马铃薯250克,葡萄糖25克,硫酸镁0.5克,维生素B_1 10毫克,琼脂20克,水10000毫升(通称PDA培养基)。

②马铃薯 200 克,蔗糖 20 克,磷酸二氢钾 3 克,琼脂 20 克,水 10000 毫升。

③玉米粉 60 克,葡萄糖 10 克,琼脂 20 克,水 10000 毫升。

④葡萄糖 20 克,蛋白胨 2 克,琼脂 20 克,水 10000 毫升。

⑤松针 100 克,高锰酸钾(0.2%)10 毫升,蛋白胨 5 克,磷酸二氢钾 1 克,硫酸镁 0.5 克,琼脂 20 克,水 10000 毫升。

(3)培养基配制。以上任选一方,按常规配制。经试验,绣球菌在 PDA 培养基上生长较快,一般 15 天长满管,菌丝呈灰白色。

2. 原种和栽培种制作

(1)培养基配方。原种和栽培种均可采用杂木屑 76%,麦麸 18%,玉米粉 2.5%,石膏粉 2.5%,过磷酸钙 1% 为培养基。

(2)配制方法。将以上培养料按料水比 1:1.2 混合拌匀,然后装入 15 厘米×22 厘米的聚乙烯塑料袋中。

(3)灭菌接种。将料袋用高压灭菌,在 0.15 兆帕下保持 1 小时,取出料袋,冷却至 30℃ 以下时,按无菌操作接入母种,在 23℃~25℃ 下培养,60 天左右,菌丝长满袋料。如无杂菌污染,即为原种和栽培种,可用于栽培生产。

(六)栽培技术

1. 栽培季节

菌袋接种应于春季 3 月上旬进行,发菌培养 40~50 天;5 月份进棚脱袋,埋袋出菇,出菇期为 6—10 月。各地海拔、气温不同,季节安排应以当地气温在 18℃~25℃ 的月份为起点,提前 2 个月为菌袋最佳接种期。

2. 培养料配制

①杂木屑 55%,棉籽壳 35%,麦麸 10%,另加石膏粉 1.3%,生石灰粉 1.5%,磷酸二氢钾 0.2%。

②杂木屑 40%,黄豆秸或棉秆 35%,玉米芯 22%,玉米粉 2%,碳酸钙 1%。

3. 配制方法

采用熟料栽培时,按常规将培养料加水拌匀,用折幅宽 15 厘米、长 22 厘米的低聚乙烯成型袋装料；然后将料袋置于常压锅内加热，温度达 100℃后维持 16～20 小时灭菌处理。也可先发酵后灭菌，即将主料与水按 1：1.2 的比例拌匀，堆集发酵 7～10 天，中间翻堆 3 次；主料发酵后，再将麦麸、玉米粉加入拌匀，含水量控制在 60% 左右即可。然后装袋，用 15 厘米×45 厘米的长袋装料，每袋装干料 700～800 克，湿重 1.5～1.6 千克；或用 15 厘米×22 厘米的短袋装料，每袋装干料 300 克，湿重 650 克左右。装袋后置于常压灭菌锅内灭菌，料温达 100℃时，持续 6 小时，闷 8～10 小时后出袋。

4. 接种培菌

当袋料温度降至 28℃以下时，在无菌条件下进行接种。接种方法：长袋在袋面打等距离宽 1.5 厘米、深 2 厘米的接种穴 3 个，然后接入菌种，用胶布贴封穴口。短袋打开袋口，接入菌种，扎好袋口。接种后将菌袋置于事先经过消毒处理的干燥、避光、通风良好的培养室内发菌。早春接种气温低，将菌袋堆集覆膜保温，头 3 天室温应在 28℃，以利菌丝萌发定植，第四天起揭膜上架排袋培养，室温调至 23℃～26℃，空气相对湿度控制在 70% 以下。发菌前期不需光照。经 25～30 天培养，长袋要打开揭去穴口胶布，通风增氧，短袋打开袋口扎绳，松口透气，袋温上升时，应疏袋散热，上下里外调袋位置，使发菌均匀一致，并给以 300 勒克斯光照，促进菌丝生长。在适温下，一般培养 40～55 天，菌丝即可长满袋。

5. 出菇管理

绣球菌出菇方式分为埋筒覆土出菇和畦床摆袋开口出菇。其管理方法如下：

（1）埋筒覆土出菇的管理。先将室外菇床浇足水，待水渗透后，撒一层薄石灰粉进行消毒和杀虫；然后将培养好的菌袋脱去袋膜，用刀片将菌筒切成两段，排放于畦床上，断面向下，竖立成行，菌筒间的空隙填满熟土，再在其上覆盖黄豆粒大的耕作层以下的细土粒，厚 3～4 厘米。覆土面上散铺一些茅草（或稻草）保湿,并盖上防雨塑料膜棚。覆土后保持表土湿润。一般经 10~15 天,可出现珊瑚状原基,并分化成子实体。长菇期间,棚温控制在 18℃~25℃,空气相对湿度为 85%~90%,晴天每天轻度喷水 1~2 次,随着子实体的生长,喷水量相对增加。夏天气温高时,要向空中喷水降温,雨天湿度偏高时,子实体对水分吸附力极强,易出现腐烂现象,应加强通风降低湿度,确保子实体正常生长。

(2)畦床摆袋出菇的管理。将发好菌的菌袋竖立紧靠摆于整理、消毒好的畦床上,然后打开袋口扎绳,将袋膜扭拧一下,使空气透进袋内,加速菌丝生理成熟,同时向空中喷雾状水,使空气相对湿度达 80%。畦床上罩上拱膜或遮阳网。畦床保湿性比覆土差,因此,每天要揭膜喷雾状水增湿。摆袋后 15 天左右,袋内出现原基时,把袋口薄膜拉直,袋口松开一些,以增加袋内氧气。子实体形成时,将袋口薄膜反卷,让子实体自由伸展。出菇棚温度和湿度及通风要求与覆土出菇管理相同。

6. 采收

绣球菌从菌袋接种发菌培养,到野外出菇,一般需要 90~110 天,其中原基形成到子实体成熟,一般需要 10~15 天。成熟标志为:子实体片状伸展有弹性,朵疏松,无硬芯。采收时用利刀从蒂基割下,防止割破,损坏朵形。采后及时鲜销或置于阳光下暴晒,或于脱水机内烘干,成品用塑料袋包装,扎紧袋口防潮待销。

二、白参菌

(一)简介

白参菌别名裂褶菌、白参、白蕈(云南)、树花(陕西)、鸡冠菌(湖南)、鸡毛菌子(湖北)、白参菇(河南)等。隶属于担子菌亚门、层菌纲、无隔子菌亚纲、伞菌目、裂褶菌科、裂褶菌属真菌。

1. 利用价值

白参菌是一种食药兼用的名贵真菌。其子实体秀雅,质地脆嫩,味道清香,鲜美爽口。云南民间历来喜食野生白参菌;还把白参菌洗净晾干,加入豆豉制成香肠食用,是一道颇具民族特色的地方土特产。云南已把白参菌作为旅游商品,以特色山珍向世人展示,深受消费者欢迎。

白参菌营养丰富,含多糖、蛋白质、麦角甾醇、裂褶菌黄素,还含有多种酶类物质。子实体中灰分含量为 7.14%,含有 31 种无机元素,包括 5 种常量元素和 26 种微量元素,其中人体必需的 7 种微量元素含量较高,抗癌元素硒含量为 0.242 微克/克。

白参菌药用价值高,其性平、味甘,具有清肝明目、滋补强身的功效。特别是对小儿盗汗、妇科疾病、神经衰弱、头昏耳鸣等有很好的疗效。白参菌含有裂褶菌多糖,试验表明对动物肿瘤有抑制作用,对小白鼠吉田瘤和小白鼠肉瘤 37 的抑制率为 70% ~ 100%。日本用白参菌还原糖研制成"施佐非兰"产品,可治疗子宫癌,亦可明显增强患者的免疫能力。

2. 生产现状

白参菌从野生驯化至人工栽培,云南省科研人员走在前面,1986 年科研人员从滇西的黄栎树桩上获得该菌,采用组织分离方法得到白参菌株,经过纯化栽培选育,得到白参纯菌株。1999 年以来,先后在云南省安宁市太平白族乡、昆明北郊石关镇、昆明官渡区、昆明陆军学院科技开发部、昆明东郊八公里等地开展多点、多季节、数万袋栽培规模的出菇试验获得成功,使这一尘封几千年的物种得以大放异彩。云南省科研人员对白参菌的驯化栽培技术于 2000 年元月申报国家专利,2004 年 8 月 4 日专利被授权公告。

3. 经济效益

白参菌人工栽培,经济效益很好。2002—2004 年云南省科研部门在 4 户农民家中开展了示范种植及推广工作,共种植白参菌 20000 袋,平均每袋出菇 0.08 千克,总产量 1600 千克,扣除生产成本创纯利 2.96 万元,经济效益可观。

4. 发展前景

白参菌的驯化及规模化栽培填补了国内食用菌生产的一项空白。该技术特点是栽培周期短,只要温度适合,从接种到采收仅 20 天左右;单朵鲜重 50～100 克,是野生白参菌的数十倍。白参菌的规模化生产,具有投资小、原材料丰富、成本低、技术易掌握、出菇温度范围宽等特色。白参菌多糖是很重要的抗肿瘤药物,对提高人体免疫功能有积极作用。因此发展食药兼用的白参菌生产,把人类不能直接食用的植物纤维材料等农副产物变为蛋白质丰富、低脂肪、低热量、味道鲜美的具有保健功能的食药用菌产品,是一项极有发展前景的事业。

(二)形态特征

白参菌子实体个小,呈侧耳状、扇形、肾形或掌状开裂,通常覆瓦状叠生、簇生或群生,形似小菊花。菌盖长 0.6～5 厘米,宽 0.8～3 厘米,厚 0.1～0.3 厘米,菌盖上表面白色、灰白色、肉褐色至黄棕色,表面密披有茸毛或粗毛,具有多数裂瓣,韧肉质至软革质,边缘内卷;子实体假褶状,假菌褶白色至黄棕色,每厘米14～26 片,不等长,沿中部纵裂成深沟纹,褶缘钝,有不定锯齿状。菌肉薄,约 1 毫米厚,菌肉白色,肉革质,质地韧,基部狭窄;菌褶窄,从基部呈辐射状长出,白色或灰白色,后期浅肉色带粉紫色,边缘往往呈掌形或瓣状纵裂而向外反卷如"人"字形,有条纹;子实体无柄或短柄。人工栽培时单朵 50～100 克。

白参菌孢子印白色或浅肉色。孢子无色透明,圆柱状,(5～5.5)微米×2.5 微米,双核,孢子壁平滑。担孢子圆柱形至腊肠形,无色,光滑,大小为(4～6)微米×(1.5～2.5)微米。菌丝体白色、疏松,茸毛状,气生菌丝较旺。菌丝有间隔,有分枝。菌丝粗细不均,直径 1.25～7.5 微米。单系菌丝系统,生殖菌丝有锁状联合,无色,交织排列,直径为 5～8 微米。

(三)生态习性

白参菌是一种常见的木材腐生菌。在自然条件下,北方每年春至秋季雨后,南方全年野生散生、丛生或群生于半腐烂的赤杨、榆、桦、栎、槠、栲、柳等各种阔叶树木或倒木、原木、伐桩、木材、大树、枯立木或枯枝上,有时也生于红松、落叶松、马尾松、云杉、冷杉等针叶树的倒腐木上,有的还生于多种林木的活立木上引起边材白色腐朽,还可发生在禾本科植物、枯死的竹类或野草上。

（四）对营养物质的要求

白参菌的营养物包括碳源、氮源、矿物质和维生素。

1. 碳源

碳源是白参菌最重要的营养物质,是构成菌丝细胞中碳素骨架来源的基础和生命活动所需要的能源。对碳源的利用,以葡萄糖最适宜,在无木质素而只有葡萄糖为碳源的液体培养基上静止培养时,表面也能形成子实体。白参菌是木腐真菌,但分解木材的能力较弱,人工栽培可以利用棉籽壳、玉米芯、甘蔗渣等富含纤维素的各种农作物秸秆及木屑等做碳源。

2. 氮源

氮元素是白参菌菌丝体细胞的重要组成元素,是构成细胞蛋白质、核酸、酶和细胞质的主要原料,在细胞的生理活动中起着重要作用。氮源分为有机氮和无机氮两大类,白参菌能较好地分解利用玉米粉、酵母粉和麦麸等有机氮源,而利用无机氮的能力较差。因而,培养基中必须添加适量玉米粉、酵母粉和麦麸,而不宜使用其他氮源。碳氮比对白参菌的生长影响很大,不同的碳氮比对菌丝有明显影响,在$(10\sim100):1$范围内均可生长,培养料的最适宜碳氮比为$40:1$。

3. 矿物质

矿物质是构成细胞的组成部分,可以调节细胞新陈代谢、渗透压和 pH 等。矿物质的需求量虽然不大,但却是不可缺少的物质,主要有硫、磷、钾、镁、锌等元素。这些元素在一般培养基的化合物或普通水中即含有,不必另外补充,添加多了易导致生长不良。

4. 维生素

维生素是白参菌正常生长发育不可缺少的,而且不能用简单的碳源和氮源进行合成的有机物。维生素通常需要量很少,但却必不可少,维生素在人工栽培原料的配方中就可得到满足,不需要另外补充。

（五）生长条件

1. 温度

白参菌菌丝在8℃~34℃下均能生长。当温度在23℃~26℃时，菌丝生长速度最快，呈白色，5天可长满试管斜面。原种、栽培种采用麦粒子+10%杂木屑培养基。装瓶、灭菌、接种后，在26℃~28℃条件下培养6天可长满瓶。子实体分化和生长适温为18℃~20℃，低于18℃延缓成熟，超过25℃时展薄片，品质下降。

2. 湿度

白参菌较耐旱，培养基含水量以控制在60%为宜，菌丝生长阶段培养室的空气相对湿度不宜太高，一般控制在70%为宜。子实体生长阶段，培养室的空气相对湿度要保持在80%~85%。

3. 空气

菌丝体发育阶段需氧量大，并排出带腐臭味的二氧化碳气体，因此培养室应保持空气流通。严重缺氧时子实体容易被绿霉污染，栽培室既要保持空气湿度，又要常通风换气，因此，调整好通气和保湿这对矛盾，是人工栽培管理白参菌的关键。

4. 光照

菌丝体生长阶段对光度要求不严格，培养室有50勒克斯以上的散射光对原基的形成更有利。当菌丝扭结形成原基，并分化成子实体时，子实体有明显的向光性，需要有300~500勒克斯光照；但光线过强，子实体颜色变褐、品质变差。人工栽培出菇时，料袋不要逆光排放，以免形成畸形菇。

5. 酸碱度

菌丝体生长的最适pH为4.5~5.5，子实体生长最适pH为4~4.5。pH低于3.5或高于8时，菌丝停止生长。

6. 生物因素

在自然状态下白参菌的一生中与无数的微生物、虫类生活在一起，此即白参菌生长的生物因素。白参菌与其他生物的关系概括起来有两种：一是各种霉菌，如绿霉菌等的竞争关系；二是各种害虫，如眼菌蚊等的取食关系。这是两种生物敌害，人工栽培时要注意防治。

（六）菌种制作

1. 母种制作

（1）母种来源：一是引进试管斜面种转接扩繁，二是自己分离获得。

（2）分离方法：白参菌子实体较薄，组织分离较为困难，采取下列不同方法分离可获得母种。

①剪取法。先将白参菌子实体消毒处理，然后剪去菌柄部分后，放入接种箱内，用尖锐的小解剖刀剪取菌盖中心层的菌肉组织，迅速接入 PDA 培养基上培养。这种操作可避免暴露时间过久，易导致污染的问题。

②镊取法。先去掉菌柄，将小菌盖对半撕开，然后用尖头镊子夹取菌盖中心层的菌肉组织，或镊取菌盖存在于菌柄顶端的菌肉，接入斜面上培养。操作时应细心，避免镊尖触及菇体表层而导致污染。

③刮取法。将白参菌菇体撕成两薄层，用接种铲刮取内层组织，接入斜面试管培养基上面。

④菌褶涂抹法。取成熟子实体，切去菌柄，在接种箱内用 75%酒精进行菌盖、菌柄表面消毒；然后用经火焰灭菌，并冷却后的接种环插入种菇的菌褶之中，轻轻抹过菌褶表面。此时接种环上就沾有大量的孢子，通过画线法将孢子涂抹于 PDA 试管斜面或平板培养基上，置于适温下培养 10 天后，就会萌发成肉眼可见的菌丝体。

⑤贴附法。在无菌条件下，取一小块成熟并经消毒处理的菌褶或耳片，用化学糨糊或蘸少许琼脂，粘贴在 PDA 试管斜面正上方的管壁上。注意菌褶或耳片腹面应朝斜面方向，待孢子下落在斜面培养基上后，除去菌褶或耳片，塞上棉塞，置适温下培养，10 天左右可见菌丝体。

⑥印模法。将成熟的白参菌菌褶平放于接种台面上，腹面子实层朝上，取 PDA 斜面试管 1 支，在酒精灯火焰旁取下棉塞，管口

灼烧灭菌;将管口旋压菌褶上,使之割下菌褶或耳片圆片留在试管管口上;然后用接种工具将组织片推入试管内,推至离棉塞底部约1厘米处,塞回棉塞;置于适温下培养,见斜面上孢子出现时,于无菌条件下除去组织片即可。

(3)母种培养基配方:

①马铃薯200克(去皮,煮汁),麦麸100克(煮汁),葡萄糖20克,磷酸二氢钾2克,硫酸镁0.5克,琼脂20克,水1000毫升,pH自然(以下同)。

②马铃薯200克(去皮,煮汁),葡萄糖20克,蛋白胨1克,琼脂20克,麦麸100克(煮汁),磷酸二氢钾3克,硫酸镁1.5克。

③马铃薯200克(去皮,煮汁),葡萄糖20克,磷酸二氢钾0.5克,蛋白胨3克,硫酸镁0.5克,琼脂15克。

④马铃薯200克,葡萄糖20克,蛋白胨10克,琼脂20克。

⑤葡萄糖10克,磷酸二氢钾0.5克,氯化钠0.2克,酵母汁100毫升,硫酸镁0.2克,碳酸钙2克,琼脂20克。

⑥黄豆芽250克,松针(干)50克,葡萄糖20克,琼脂20克。

⑦葡萄糖30克,蛋白胨15克,磷酸二氢钾1克,硫酸镁0.5克,琼脂20克。

⑧苹果100克(煮汁),蛋白胨2克,蔗糖20克,琼脂20克。

以上母种培养基制作方法,按常规操作。

(4)接种培养:将上述分离获得菌种,接入23℃~26℃培养基上,菌丝萌发后进行提纯,即可育成母种。

2. 原种和栽培种制作

(1)培养基配方。

①木屑培养基配方:

A. 杂木屑88%,麦麸10%,石灰1%,石膏粉1%。

B. 阔叶树木屑78%,麦麸20%,蔗糖0.8%,石膏粉1%,磷酸二氢钾0.2%。

C. 阔叶树木屑74%,麦麸25%,蔗糖0.8%,石膏粉1%,硫酸铵0.2%。

D. 阔叶树木屑 66%,麦麸 30%,蔗糖 1%,石膏粉 1%,黄豆粉 1.5%,硫酸镁 0.5%。

E. 杂木屑 60%,棉籽壳 20%,玉米粉 8%,麦麸 10%,石膏粉 1%,葡萄糖粉 1%。

配制方法:按配方称取原料,先将糖等可溶性辅料溶解于水,麦麸、石膏粉等辅料干态混合均匀,再与主料木屑充分搅拌均匀,加清水拌料,调至含水量为 60%~65%,pH 灭菌前调至 6~7。

②棉籽壳培养基配方:

A. 棉籽壳 98%,蔗糖 1%,石膏粉 1%。

B. 棉籽壳 83%,麦麸 15%,石膏 1%,蔗糖 1%。

C. 棉籽壳 78%,麦麸 20%,蔗糖 1%,石膏粉 1%。

D. 棉籽壳 68%,麦麸 18%,木屑 10%,玉米粉 2%,石膏 1%,白糖 1%。

配制方法:按配方比例,先将棉籽壳加适量水拌匀,堆闷 3~4 小时,使其吸水,然后与辅料混匀,调至含水量为 60%~65%,pH 灭菌前调至 6~7。

③小麦或玉米粒培养基配方:

A. 小麦 98%,碳酸钙(或石膏粉)2%。

B. 小麦 90%,木屑 8%,碳酸钙(或石膏粉)2%。

C. 玉米粒 100%,另加 0.2%多菌灵(用于浸泡玉米粒)。

D. 玉米粒 70%,阔叶树木屑 24%,麦麸 5%,石膏粉 1%。

配制方法同常规。

(2)接种培养。白参菌原种与栽培种制作按常规,在逐级扩繁中,为防止杂菌侵入,提高纯菌率,在接种和培养管理上必须符合规范化要求。

(七)栽培技术

1. 栽培季节

根据白参菌的生物学特性,最佳栽培季节秋栽 9—10 月,春栽 3—5 月。上海地区 8 月上旬接种,10 月中下旬开始形成子实体,此时自然气温为 16℃~23℃,正适合白参菌生长。南方福建古田春、秋两季各种 2 批。其他地区可根据当地气温情况而定。有条件亦可实施温室工厂化周年制生产。

2. 栽培场地和建菇棚

（1）栽培场地。白参菌栽培场地要求环境清洁、地势平坦或缓坡地、交通方便、靠近水源、用电方便的地方。为防止积水，地势要高，并且排水方便，而且坐北朝南，以利于保温。为防止制种时产生杂菌污染，栽培场所应当远离制种场所，并处于制种场所的南面。栽培场地选好后，要剔除土中的石块、杂物；为减少病虫害的发生，四周和土中要撒些石灰粉消毒。

（2）菇棚搭建。

白参菌现有栽培方式是以塑料袋装培养料作为长菇载体。在室内、外搭建多层架床，春、秋两季连续生产 4～6 批，形成多层次立体栽培。

栽培棚无特殊要求，较适应野外栽培生态环境。一般在南方，如福建古田，实用菇棚高 2.5 米，每棚 250～300 平方米，竹木做骨架。棚顶盖黑色薄膜加草帘，四周用茅草或草帘围护；棚内搭摆袋架，架宽 90～100 厘米，分设架床 8 层，层距 25 厘米；地面整平夯实，铺上细沙。每个架床用塑料薄膜覆盖成保湿棚。保湿好的专用菇棚不必盖膜。

北方蔬菜大棚可以利用，棚内按长宽、高低状况，分设栽培架 5～6 层。中间留作业道，棚房开通风口，棚顶设排气孔。

农家庭院只要有对流门窗的房间，亦可用于栽培。

3. 培养基配方

白参菌培养原料比较广泛，只要富含木质素、纤维素的农林下脚料均可利用。常用配方有两类。

（1）木屑为主的配方。

配方 1：杂木屑 88%，麦麸 10%，石灰 1%，石膏粉 1%。含水量 65%，pH 自然（以下同）。

配方 2：杂木屑 80%，豆秸 8%，麦麸 10%，石膏粉 1%，蔗糖 1%。

配方3：杂木屑60%，棉籽壳20%，玉米粉8%，麦麸10%，石膏粉1%，葡萄糖粉1%。

配方4：葛根药渣75%，米糠12.5%，麦麸12.5%，另加生石灰1%。料水比为1:1.1。

各种材料应新鲜、无霉烂、无害虫，谷秆和豆秸切成1厘米的小段，玉米粉碎成0.5~1厘米的颗粒，木屑选用硬杂木木屑。

（2）棉籽壳为主的配方。

配方1：棉籽壳80%，豆秸8%，麦麸10%，蔗糖1%，石膏粉1%。料水比为1:(1.1~1.2)，含水量60%~63%，pH自然（以下同）。

配方2：棉籽壳60%，玉米芯或甘蔗渣20%，麦麸18%，石膏粉1%，钙、镁、磷肥1%。

配方3：棉籽壳50%，杂木屑28%，玉米粉2%，麦麸18%，石膏粉1%，碳酸钙1%。

配方4：棉籽壳40%，玉米芯40%，豆秸8%，麦麸10%，石膏粉1%，蔗糖1%。

配方5：棉籽壳40%，谷秆40%，豆秸8%，麦麸10%，石膏粉1%，蔗糖1%。

4. 栽培方法

白参菌主要为袋料栽培法。

（1）菌袋制作。栽培袋分为短袋与长袋两种规格。云南省菇农常用短袋栽培，多采用规格为(17~18)厘米×(22~26)厘米×0.03毫米的低压聚乙烯塑料袋，每袋装干料150~300克，用皮筋或撕裂膜绳扎口，装料的松紧度一致，一头或两端扎口处不沾培养料。福建省古田县菇农采用12厘米×55厘米×0.04毫米的成型塑料折角袋，每袋装干料500克，料袋采用常压灭菌，当灭菌灶上的包扎塑料薄膜内鼓大气后5小时，料温达100℃时开始计时，保持10~12小时，灭菌效果好。

（2）消毒接种。料袋灭菌后，需冷却至28℃以下时，方可进行接种。为防止"病从口入"，要严格进行无菌操作，做到"四消毒"：

接种箱或室使用前采用紫外线或气雾消毒,菌种、料袋和工具搬入后再次进行气雾消毒,操作人员身手消毒,菌种迅速通过酒精灯消毒接入料袋内。接种时,长袋的打6个接种穴,接入菌种后用胶布封口;短袋拔出袋口棉塞,接入菌种后棉塞复原。

(3)室内养菌。接种后的菌袋,摆放于培养室层架上平地垒叠培养。发菌培养环境要求适温、干燥、避光、通风。温度掌握在23℃～26℃为好,不低于18℃,也不可超过32℃;空气相对湿度70%以下,注意防止潮湿;门窗遮阳避光;每天通风2次,更新空气。室内养菌一般7天左右,袋壁上菌丝浓白密集。白参菌整个养菌期仅10天,当手指按压袋面有凹陷出现时,即可离室转棚。

(4)开口诱蕾。菌袋进入菇房上架摆袋催蕾时,区别不同袋形操作:短袋拔去袋口的棉塞,拉直袋膜,增氧保湿诱蕾;也可采取袋壁四周每隔8厘米,用锋利刀片划1～2厘米的出菇口,然后将菌袋竖立或倒置摆放于地面或预先铺好塑料薄膜的菇床架上,多口出菇,袋间距离1厘米左右。长袋进房后,横排于架层上适应环境2天后,再把穴口上的胶布揭掉,穴口向上长菇。

菌袋开口摆放后,上面采用塑料薄膜盖,使之形成一个适宜菇蕾分化稳定的小环境条件。覆盖的薄膜每隔3小时掀动1次,以排除过多的二氧化碳,促使菇蕾很快形成。同时调节室温、控制湿度、通风并给予光照刺激,诱导菇蕾形成。菇蕾形成需要温度在16℃～23℃,空气相对湿度85%左右,在空中喷雾状水,并罩膜覆盖架层保湿;照50勒克斯左右的散射光;每天喷水时,结合揭膜通风,使空气中二氧化碳含量在0.01%～0.03%。菌袋开口后原基形成一般需要4～6天,当菇蕾形成并稍有分化时,揭去覆盖的薄膜,重新排放菌袋,加大菌袋间的距离,使菌袋之间的距离保持在4～6厘米,以利于子实体生长。

(5)脱袋铺料诱蕾。菇床上先铺薄膜,再将培养成熟的菌袋脱去塑料膜,将菌丝块掰成蚕豆粒大小,然后铺于菇床上,厚度为7～9厘米,铺好后用木板轻轻拍平,用塑料薄膜覆盖。菇蕾形成时温度要求16℃～22℃,空中喷雾状水,保持空气相对湿度90%

左右,并罩膜覆盖架层保湿。照 50 勒克斯左右的散射光;每天喷水时,注意揭膜通风;每隔 3 小时左右掀动覆膜 1 次,以补充料面的氧气。7~8 天后,料面开始形成菇蕾。菇蕾形成后,用小竹片将覆盖的塑料薄膜撑起,使覆盖膜和菌块表面有 1~2 厘米距离,促使菇蕾开片。菇蕾稍开片后,应将覆盖膜全部揭去,以利于子实体生长。

5. 出菇管理

(1)控制适温。温度应控制在 18℃~23℃,不低于 18℃,不超过 25℃。气温高时,夜间打开门窗通风,白天密闭门窗,同时室内空中喷水。气温低于 12℃时,应采取加湿措施,白天开南门、南窗,夜间关闭门窗。若子实体尚未分化,只要不出现冻害,即可形成子实体。

(2)调整湿度。随着子实体生长发育需要,空气相对湿度应保持在 85%~95%;每天早、中、晚向空中喷雾状水 1 次,不宜直喷菇体上。喷水视子实体生长情况而定。子实体小时少喷,子实体大时要及时多喷,晴天每天喷水 1~2 次,雨天或空气湿度大时不必喷水。检测标准是以喷后 2 小时,子实体上没有水珠为宜。

(3)通风换气。长菇棚内需要充足的氧气,每天打开窗通风 1~2 次,保持室内有良好的空气条件。气温低时,白天开门窗;气温高时,夜间开门窗通风换气。

(4)适度光照。长菇期需要 100~300 勒克斯散射光线,以促进子实体正常发育。光照度超过 500 勒克斯时,子实体生长速度会减慢。

6. 采收与加工

(1)采收与采后管理。一般从接种至采收 20 天左右,当子实体叶片平展、开始散发孢子时,说明子实体已成熟,应及时采收。推迟采收时间,子实体重量不仅不会增加,反而会影响下一潮菇蕾形成,降低产量。采收时应用锯齿小刀从基部切下,并修净基部培养基与杂质。采收前 1 天停止喷水,避免脆断损坏朵形。

第一潮子实体采收后,菌袋或菌块上应停止喷水 1~2 天,生息养菌,再按前述方法催蕾,进行下一潮子实体培养,管理同第一潮;7 天后又产出第二潮菇。管理得当一般可采收 2~3 潮菇。

采收后,应及时保鲜,防止菇体氧化老熟,影响品质。白参菌鲜品用塑料泡沫盒和保鲜膜包装送往超市,在 4℃~5℃可保存 12~14 天,在 5℃~10℃可贮藏 8~9 天;如果贮藏温度超过 12℃,只能贮藏 4~5 天。因此,必须在有效保鲜期内销完,否则失去食用价值。

(2)加工方法。烘干时先将鲜菇按大小分级后摊排在烘筛上,均匀排布,然后逐筛放入架上,满一架后把门关闭。放入筛架时,一般较小和较干的白参菌排放于上层筛架上,较大和较湿的应排放在下层筛架上。这样,上下可以同时烘干。烘房起始温度掌握在 40℃,以后每隔 1 小时上升 5℃,直至上升至 60℃烘干为止。干品易回潮,应用双层塑料袋包装,存放于干燥仓库或外销。

三、金福菇

金福菇又称巨大口蘑、洛巴口蘑,是一种正处于开发中的珍稀食用菌(图 4-2)。其出菇温度为 18℃~30℃,最适温度为 20℃~28℃。10℃条件下,保鲜期可达一个月,不变色,不变味。属于高温品种,可以抢占夏季鲜菇市场,具有良好的发展前景。金福菇栽培技术如下:

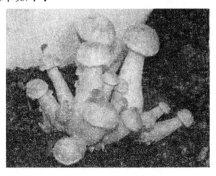

图 4-2 金福菇

(一)常规栽培法

1. 生产季节

由于金福菇属于高温品种,一般以3—6月接种,4—7月覆土,5—10月出菇为宜。

2. 栽培场地

在果园树荫下搭简易棚栽培,或室内层架不脱袋覆土栽培均可。

3. 原料配方

金福菇栽培可利用多种农作物下脚料做培养料,如杂木屑、甘蔗渣、棉籽壳、出菇废料等,要求干燥,无霉变,不腐烂。可根据本地实际资源情况就地选材使用以下配方。

(1)棉籽壳62%,玉米芯30%,麸皮5%,石灰1.5%,石膏1.5%。

(2)棉籽壳51%,蔗渣30%,米糠10%,麸皮5%,石灰2%,石膏2%。

(3)棉籽壳76%,木屑10%,麸皮10%,石灰2%,石膏2%。

(4)棉籽壳65%,蔗渣21%,麸皮10%,石灰2%,石膏2%。

按配方比例称取棉籽壳等主料,加水预湿,加石灰、石膏搅拌均匀后建堆,堆宽2米,高1.5米,长度不限,当堆温升至60℃~70℃保持2天后翻堆,如此翻堆2次,第3次加麸皮拌料均匀即可装袋。用17厘米×33厘米×5厘米聚丙烯袋做料袋。装袋要求培养料密实,不破袋,然后扎紧带口。

4. 灭菌与接种

采用常压灭菌,100℃下保持12小时。将灭菌袋搬入消好毒的发菌培养室冷却至30℃以下,在发菌培养室进行开放式接种,接种后45天菌丝走满袋。这样的开放式接种菌袋成品率在95%以上,而且极大地提高了接种效率。

5. 覆土管理

以果园树荫下栽培为例,根据树荫下空地大小搭简易棚,在棚内挖畦床,宽1米,深8~10厘米,长度依棚而定,挖出的表土可放在畦床旁做菌袋间的填充土,在畦面及四周撒一层石灰粉消毒。将菌袋的塑料袋剥去,挖掉顶端老种皮,将菌包摆放于畦中(横放、竖放均可),菌袋间距 4~5 厘米,将挖出的表土填入菌袋间,菌袋表面覆盖一层 3~4 厘米厚的消毒过的塘泥土,塘泥土粒直径0.5~2 厘米,1 平方米覆土加 5 千克石灰均匀拌入。再用0.5 千克甲醛兑水 15 千克后加 400 倍敌敌畏液,用喷雾器喷入土中,用塑料薄膜密封 24 小时,掀开散去药气后,调节土壤持水量至 18% 即可用。

6. 出菇管理

覆土后 2 天内将土层持水量通过微喷勤喷的方式调节至22% ,控制好通风透气,使土层持水量在 10 天内慢慢降至16% 左右,然后喷一次出菇重水,5~7 天可见菌丝扭结成原基。根据气温和覆土干湿程度,每天喷水几次,保持空气湿度在 85%~90% ,尤其注意喷水时必须开门喷水,喷水后再关门,以防止静止的高湿环境妨碍子实体生长。

7. 采收及采后管理

金福菇从原基形成到成熟采收一般 7~10 天,当菌盖肥厚紧实,菌褶上的菌膜尚未破裂,菌盖未开伞时,为采收适期。采收后,要及时清理覆土面,去除老化及残留菇柄、死菇,补细土整平料面,停水 5 天后喷重水,再用上述同样方法管理,养菌出菇。7~10 天内形成第 2 潮原基。一般可采收 3 潮菇,生物学效率达70%~80% 。

(二)优化栽培新法

1. 浙南地区高产栽培法

据浙江省缙云县食用菌生产办公室徐波(2008)报道,金福菇是一种高温型珍稀食用菌,可弥补夏季食用菌市场新鲜产品的短缺,因而其生产有着广阔的市场前景。其栽培技术如下:

(1)栽培季节。根据金福菇的生物学特性和浙南地区的气候条件,通过生产实践证实,在 4 月中旬堆料制棒比较理想,出菇时间在 6—10 月。

（2）栽培料配方。采用熟料栽培，其配方如下：

①棉籽壳 40%，麸皮 20%，木屑 25%，米糠 11.5%，生石灰 2%，石膏粉 1%，过磷酸钙 0.5%。

②棉籽壳 50%，麸皮 12%，刨花下脚料 20%，香菇废菌棒 15%，生石灰 2%，石膏粉 1%。

③棉籽壳 70%，麸皮 12%，木屑 10%，益菇粉 6%，生石灰 2%。

配方中的益菇粉是以沸石粉为基础的一种新型食用菌栽培辅料，能起保肥缓释、保水、增加通透性、提供多种微量元素的作用，增强耐高温能力。

（3）堆制发酵。金福菇不适于用生料栽培，要用熟料或发酵料栽培。堆料时，先将麸皮、石膏粉、生石灰等辅料干态混合均匀，再与预湿 24 小时的棉籽壳等主料充分拌匀，加清水拌料，调含水量至 60%。然后将培养料堆成宽 1.5~2 米，高 1 米左右，长度适宜的料堆，并将料堆打透气孔，孔距 30 厘米，进行有氧发酵。当料温上升到 60℃时，翻堆 2~3 次，翻堆时间要视堆中温度的高低而定，一般 5~7 天，当内部有嗜热微生物大量繁殖时翻堆。半个月后，经过发酵处理的培养料呈褐色，质地疏松，不黏不朽，无臭味，无酸败异味。用手握紧培养料，以指缝间有水珠但不下滴为宜。

（4）装袋、灭菌、接种。采用 15 厘米×55 厘米的聚丙烯塑料筒袋装料，袋重 1.8 千克左右。装袋后应及时进行灭菌，以免培养料变酸。装入灭菌灶的菌筒呈叠堆式排列，袋与灶壁、堆与堆之间应留适当空隙，以利蒸汽流通。灭菌火势开始要猛，在 4~5 小时内上升至 100℃，维持 10~12 小时。灭菌结束后，待温度降至 60℃下才可取出菌筒。

袋料温度降至 28℃以下，即可进行接种。在接种室开放式接种可提高效率，1 立方米空间用 3~4 克气雾消毒剂消毒，3 小时后按常规接种。

（5）发菌管理。接种后，将菌料袋搬入清洁、干燥、通风好、光线暗的培养室发菌。发菌室保持暗光,有适度通风,菌丝生长阶段室内相对湿度保持在70%左右。刚接种气温较低时,菌袋要紧密排放,按每层4袋,呈"井"字形堆叠,盖上薄膜。为使菌丝尽快定植,气温低时,可用木炭暗火进行加温培养。当菌丝发到6~8厘米时,菌丝的新陈代谢加快,需氧量增加,应及时进行通气,并勤翻堆。发菌后期,若温度过高,要采用三角形堆叠法,降低堆的高度,加强通风等。

(6)菇棚搭建和出田排场。

①菇场选择及菇棚搭建。菇场选在水源充足、水温凉、通风良好、环境卫生好、交通便利的田块,以偏沙性为好。菇棚高2.3~2.5米,柱间长宽均为2米,用多叶树枝、茅草等做棚顶遮阳物,棚四周用稻草、茅草等围实,再在荫棚下加盖大棚薄膜,菇床上盖塑料薄膜,创造一个光照少、阴凉潮湿、通气性好的生态环境。

②清理翻耕,严格消毒。场地要提前清理翻耕灌水,并撒施生石灰50~100千克/667平方米,进行杀菌和促进土壤通气。待排场前半个月做畦,用500倍辛硫磷液杀虫,覆膜密闭3天,再用石灰按25千克/667平方米撒施畦面。

③全脱袋覆土畦栽出菇。在适温下经40~50天,菌丝在培养料内长满,当料面呈白色,袋内有少量黄水时,便可排畦覆土。出菇时将菌袋塑料薄膜剥去,紧密排放于地面畦上,然后进行表面覆土。选用沙壤土,含沙量40%左右为宜。土经暴晒过筛,加1%~2%石灰液喷洒拌匀后进行覆土,土层厚度5~6厘米为宜。

(7)出菇管理。

①覆土后适当减少通风换气,保持土壤湿润。待菌丝爬上土壤表面,较均匀分布于土表时,加强通风换气,喷水,促使菌丝倒伏,防止气生菌丝徒长影响出菇。菌丝体由营养阶段转入生殖阶段,菌丝扭结形成原基发生菇蕾,一般覆土后15~20天开始现蕾。

②现蕾前要保持土壤湿润,菇蕾呈米粒大小时,不能直接向菇蕾喷水,干燥天可向空中轻喷水雾;同时加强通风换气和光照

强度,避免产生柄长盖薄的劣质菇。当子实体有 3 厘米左右时,应增加喷水次数,每天喷水 2 次,保障有足够的新鲜空气,提高覆土含水量为 20% 左右,保持空气湿度 85% ~90% 。

③温度在 25℃ ~38℃ 时出菇量最大,通过调节菇棚温度可保障在 7—8 月大量出菇。在浙南地区,7—8 月温度可达 35℃。因此在高温期要采取降温措施,进行温湿度控制,以增加产量和提高质量。如加厚棚顶遮阳物,使棚内无阳光直射,通过调疏围帘下部来增加通风;每天早晚向棚顶及四周喷水,降低温度。在畦沟内灌流动跑马水(白天灌夜间排),来降低温度和调节棚内湿度。

(8)采收与采后管理。当子实体菌柄高度达 10 ~15 厘米,菌盖尚未完全平展时采收。采收时,用刀片切下整丛菇的基部。采收后,清理料面,剔除老化菌皮和残留菌柄,将料面整平,防止积水,以利再出菇。一般可采收 3 ~4 潮菇,生物学效率平均在 75% 以上。

2. 闽北覆土高产栽培法

据福建省南平市农科所丁智权等(2008)报道,他们于 2002 年引进金福菇试种,并对不同配方、不同的制袋时间、不同栽培方式、不同的管理水平对产量的影响做了进一步的研究和探索,筛选出适合闽北地区自然资源的高产量、低成本的栽培技术。现将有关经验介绍如下:

(1)菌种制作。

①母种来源:一是引种;二是自己分离培养,分离方法同常规。

②母种培养基配方:

A. PDA 加富培养基:马铃薯 200 克,葡萄糖 20 克,蛋白胨2 ~3 克,硫酸镁 1 克,磷酸二氢钾 1 克,琼脂 20 克,水 1000 毫升。

B. 玉米粉 100 克,麸皮 40%(煮出汁),酵母膏 0.5 克,葡萄糖 20 克,硫酸镁 1 克,磷酸二氢钾 1 克,琼脂 20 克,水 1000 毫升。

③原种和栽培种配方:

A. 稻草(碎)77% ,麸皮 20% ,石膏粉 1% ,石灰 1% ,白糖

1%。

B. 小麦88%,杂木屑10%,碳酸钙2%。

C. 棉籽壳47%,甘蔗渣30%,麸皮20%,石膏粉1%,石灰1%,白糖1%。

以上菌种制作,配料、装瓶(袋)、灭菌、接种、培养均按常规进行。

(2)栽培技术。

①生产季节。金福菇属中、高温型菌类,菌丝在15℃~38℃均能生长,最适温度20℃~28℃;子实体发生温度15℃~36℃,最适温度20℃~28℃出菇,一般播种后45天开始出菇。各地应根据其对温度要求的特性安排栽培季节。

②培养料配方:

A. 棉籽壳44%,麸皮15%,稻草39%,石灰2%。

B. 棉籽壳65%,麸皮12%,稻草20%,石灰2%,白糖1%。

C. 棉籽壳88%,麸皮10%,石灰2%。

D. 棉籽壳96%,石膏1%,过磷酸钙1%,石灰2%。

E. 棉籽壳50%,稻草35%,麸皮13%,石灰2%。

F. 棉籽壳70%,菌糠15%,玉米粉5%,牛粪6%,石膏1%,石灰2%,过磷酸钙1%。

③配制方法。要获得高产,棉籽壳在配方中占的比例较大,可选用配方中的C,按配方称取各组分;在培养料预湿建堆时加过磷酸钙和石灰用量的一半,进行预堆软化处理2天;将干粪肥整碎,按过磷酸钙和石灰用量的一半加玉米粉、米糠及石膏混合拌匀,用粪水或清水调适50%左右的水分,加盖进行预湿预堆。预堆2天后进行堆制。按2,3,2天各翻堆一次,最后一次翻堆,调节料的pH为7~8(pH应适当高些,灭菌后酸碱度还会下降),培养料含水量60%~65%。

④装袋灭菌。用20厘米×33厘米×0.05厘米聚乙烯塑料袋或17厘米×33厘米×0.04厘米聚丙烯塑料袋装料,装料松紧度尽量一致,高16~18厘米,压实。两头用塑料套环塞棉花后放

入灭菌锅,将装好的料袋在常压下灭菌 10 ~ 12 小时,停火后再闷 1 ~ 2 小时出锅。

⑤接种培养。待料温降至 30℃ 以下,在无菌的条件下接种,接种时尽量使每袋的接种量一致。采用两头接种,一般 0.6 千克袋的生产种,可接 20 个栽培袋。菌丝生长阶段,控温 25℃ ~ 27℃,空间湿度 70% 为宜。培养环境应黑暗,保持较好的通风状况,降低二氧化碳含量,直到菌丝走满袋。

⑥场地选择。栽培金福菇既可选择室内空房架层床栽,也可利用室外冬闲田、菜园及果园做栽培场进行地栽。室外栽培要选择地势较高、平坦、近水源、排水方便、背风向阳、土壤有机质丰富、土质疏松的林果园或阔叶林地块为出菇场地。菇场选好后,要清除杂草、小灌木,开好排水沟和撒农药进行除虫灭菌等。

沿东西方向搭建高 2 米,宽 5 米,长 35 厘米拱形荫棚,采用透光率为 20% ~ 30% 的遮阳网,以利降温。也可用竹片或木架搭宽 3.5 米,高 2.2 米的弓形塑料棚,还可用竹片拱成一畦一床的塑料膜防雨小棚,畦面宽 1.2 ~ 1.4 米,稍压实,中间微凸起,呈龟背状面铺层干净细沙,再按 667 平方米用甲醛 3 毫升,辛硫磷 0.5 千克兑水 250 千克喷洒畦面,覆膜 3 天以上,对土壤进行消毒。

覆土选择肥沃的菜园土,经太阳暴晒,打碎成颗粒状。用 5% 甲醛均匀喷洒土中,成堆,用薄膜盖严,闷 24 ~ 48 小时后,打开散尽多余甲醛气味后使用。

⑦脱袋覆土。将培养好的栽培袋移入棚中,剥去塑料袋,将菌筒竖排于床内(紧靠排袋),菌袋排好后立即覆土,厚度 0.5 ~ 2.0 厘米。填土时先填四周,后填中间,覆土后依次喷轻水,晴天、阴天、雨天分不同情况来控制喷水量,雨天把拱棚两头及畦的两边薄膜收起一部分,以利通风,并保持覆土层湿润,棚内湿度控制在 70% ~ 80%。保持覆土层湿润,通风换气,以刺激土层内的菌丝形成,进一步扭结原基,发生菇蕾。

⑧出菇管理。一般覆土后 7 ~ 10 天白色菌丝爬上土面,待土层表面布满浓白菌丝后,停止喷水降温,使袋面菌丝倒伏,迫使菌

丝由营养阶段转入生殖阶段。此阶段控制空气相对湿度85%～90%,空间温度15℃～30℃,加强通风。夏季气温高,覆土后10～15天土层出现菇蕾。此时空气相对湿度保持在85%,温度25℃～28℃。从小菇出现至子实体成熟通常为10～15天。长菇期正值夏季高温期,宜早晚喷水,空气相对湿度保持90%～95%,温度控制在30℃以下。气温高时菇棚上方加厚遮阳物,空间喷雾状水降温,给予散射光照,并注意通风。

⑨采收与采后管理。金福菇从菇蕾形成至成熟采收一般需5～7天,当菌盖肥厚紧实、菌褶的菌膜尚未破裂开伞时采收。采收第1潮菇后,应补足水量再养菌出菇,经10～12天又开始采第2潮菇,管理方法同第1潮菇,可连续收3～4潮菇。第1年生物转化率为80%～100%。

⑩越年生管理。栽培当年(11月左右)采收后,清理栽培场,用黑膜贴地覆盖保温,在栽培场四周开保护沟,防洪涝,并杀死地下越冬虫及虫卵。

第2年,待预测气温回升20℃左右的前20天,在闽北地区,4月左右,就可清理栽培场所,至拆除覆盖黑膜,清理杂物,喷水保温,促进菌丝扭结。第2年培养料已消耗得差不多,碳、氮比例也有些失调,在转潮时要适当补充营养。采用氮、磷、钾比例为15:15:15复合肥补养,每667平方米用量3千克,其他管理同第1年。两年合计生物转化率可达150%～200%。

3. 大棚高产袋栽法

据福建宁德华林微生物技术研究所、福建省厦门市菌春食用菌研发中心和江西省赣州市创新生物科技研究院阮晓东、阮时珍、郭翠英等(2012)报道,金福菇大棚袋栽,可获得高产。其有关技术介绍如下:

(1)栽培季节。根据金福菇菌丝生长和子实体发育对温度的要求,各地可依据本地温度合理安排栽培季节。南方栽培金福菇一年可分两季栽培,春栽为3—7月,秋栽7—10月为宜。若一年栽培一季,应于3—5月接种,5—10月出菇为宜。

金福菇有不覆土则不出菇,且菌种不易老化的特性,可于10—11月接种栽培袋,菌袋越冬培养管理,待次年4月中旬开袋或脱袋覆土出菇,5月就可采菇。

(2)场地选择。栽培场地要求易排水,水源充足,交通方便,通风,远离猪圈、厕所、有毒有害物、垃圾堆,地势偏高。土壤以沙壤土、保水性好并具团土粒壤土为好。

(3)培养料选择。金福菇熟料袋栽主料较多,有杂木屑、作物秸秆和野草类等,栽培中多用木屑、玉米秆、稻草、玉米芯、花生壳、蔗渣等与棉籽壳搭配栽培,可获得较高产量。杂木屑要求新鲜,无霉烂变质,无虫害,不含有毒有害物质及农药残留物质等。

辅料有蔗糖、米糠、麸皮、豆粕、玉米粉等,用于补充培养料中的氮源等其他营养成分;无机盐,采用碳酸钙、石膏粉、石灰粉等,以补充矿物质不足和调节缓冲培养料的酸碱度。

(4)熟料栽培。熟料栽培金福菇是较常用的方法,也是一种稳产高产的栽培模式。

①培养料配方:

A. 木屑40%,棉籽壳20%,蔗渣10%,玉米粉9%,米糠18%,食糖1%,碳酸钙1%,石灰1%,含水量63%~65%。

B. 木屑20%,稻草20%,棉籽壳23%,玉米芯15%,牛粪12%,米糠8%,碳酸钙1%,石灰1%,含水量63%~65%。

C. 稻草40%,棉籽壳30%,豆粕10%,麸皮18%,石膏粉1%,石灰1%,含水量63%~65%。

D. 棉籽壳55%,玉米秆20%,麸皮15%,玉米芯10%,含水量63%~65%。

E. 菌糠(废料)25%,棉籽壳20%,花生壳16%,玉米芯10%,豆粕10%,麸皮15%,石灰2%,石膏粉1%,过磷酸钙1%,含水量63%~65%。

F. 玉米芯30%,棉籽壳20%,麸皮20%,花生秆15%,蔗渣10%,石膏粉2%,石灰2%,过磷酸钙1%,含水量63%~65%。

②培养料预处理。要先把稻草和麦草切成4~5厘米长,将

玉米芯、玉米秆、花生秆、花生壳等粉碎成粉,然后用水浸泡预湿1天,使之充分吸水软化,然后再捞起,沥去多余水分,使含水量65%~68%。也可把培养料通过堆料发酵后,加入其他辅料后搅拌均匀,调节好水分进行装袋。

③发酵方法。培养料经过高温发酵后,能获得优质高产。因为培养料经过发酵,分解了基质中的有害物质,培养耐高温微生物杀灭杂菌,使基质更有利于金福菇菌丝生长,使原料软化,熟化,持水性好,基质后劲足,能提高后期产量。实践证明,原料通过发酵,也是减少杂菌污染的有效方法。

选择好的原材料在向阳高地堆料,建堆前应将玉米秆、花生秆、玉米芯等粉碎预湿搅拌均匀备用。将木屑每层铺4~5厘米厚,然后铺上一层湿的稻草后,加上一层玉米芯,再铺一层玉米秆或花生秆等,按配方主料逐层建堆。堆成宽1.5~1.6米,高1.2~1.3米料堆,长度根据料场实际而定。为防止厌氧菌滋生,在料堆上每隔30厘米用直径6~8厘米木棒从上向下打通气孔。要注意料温控制在50℃~60℃。如果遇到下雨天,及时覆盖上塑料薄膜,以免雨水渗入,否则会影响发酵培养料质量。

发酵期一般分为夏、秋两季进行。在夏季,堆料发酵全过程为5~6天,料堆翻堆3次,第一次2~3天,第二次翻堆为2天,第三次翻堆为1天;秋季堆料发酵全过程为7~9天,料堆翻堆3次,第一次3天,第二次翻堆为2天,第三次翻堆为1天。每天要测料温2次,应在料温达到60℃~75℃补充含水量。翻堆后料温重新上升至60℃~65℃。翻堆具体间隔时间与发酵情况,视培养料种类,天气与堆温变化而定。在每次翻堆时,应把上下左右料对调均匀,使发酵均匀。发酵好的料,混合均匀显黄褐色或深褐色,无不良气味,手握料感觉软而松散,调节含水量在63%~65%,pH7.0~7.5。

(5)菌袋制作。

①拌料。按配方要求把石灰、碳酸钙等放入搅拌机,加入适量水,搅拌均匀,再将其他各种原辅料倒入搅拌机,搅拌均匀,培

养料含水量应控制在 63% ~ 65%,pH 为 7.0 ~ 7.5,搅拌均匀后即可装袋。

②装袋。培养料用 17 厘米 × 34 厘米 ×(0.04 ~ 0.05)厘米规格的聚丙烯塑料袋装料,每袋装料高 18 厘米,湿料重 1200 ~ 1300克。装料后袋要紧实,上下一致,以料紧贴袋壁为宜,呈圆柱形,料袋以中等用力下压不陷为宜。及时套环,塞上棉花塞,棉花塞松紧度要适宜。塞好棉花塞的袋竖放于聚丙烯塑料框内,每框 12袋,盖上防潮盖,然后进行灭菌。

③灭菌。高压灭菌方法:将上述塑料框及时摆放于高压灭菌锅内,再将高压锅盖用螺丝拧好,一定要呈对角线拧紧。抽干高压灭菌锅内的空气,通入蒸汽后,当压力达到 0.05 兆帕时开始放冷气。放气时一定要缓慢,以免菌袋胀袋。压力表为 0 时关闭放气阀,再重新通入蒸汽,当压力达到 0.15 兆帕时,保持 4 ~ 5 小时。灭菌结束后让其自然降压降温,当锅内温度降至 90℃ 左右时,打开高压锅盖降温。

常压灭菌,要使锅内温度达到 100℃ 保持 20 ~ 23 小时。灭菌结束后,要待锅内温度降到 70℃ 以下,才能打开锅门或塑料膜,以避免料袋胀袋。

当高压或常压锅内温度降到 70℃ 时,将装有料袋的塑料框移到冷却室内,自然冷却 6 小时后,打开制冷机制冷,制冷机温度控制在 25℃ ~ 30℃。冷却室周围及地面一定要保持干净,每次料袋放入前都用来苏尔液擦洗地板。

④接种。按无菌操作接种,在接种箱中进行,接种箱要消毒灭菌。大批量生产时,可直接采用在塑料罩棚内消毒灭菌的场地或接种室接种。

A. 菌种预处理:为防止金福菇菌种由于培养菌龄时间较长,在棉塞和菌种表面感染杂菌,在接种前要进行消毒处理。瓶装菌种处理:先用 5% 来苏尔液喷雾菌瓶表面,再把菌种放在接种箱中,在酒精灯火焰上拔去棉塞,用 95% 酒精棉球点火,燃烧菌种表面,擦瓶内上方瓶壁,挖去老化菌种表面 2 厘米厚菌种表皮,再换上已灭菌过的新棉塞。袋装菌种处理:抓住袋口上方,把菌袋放在0.2%高锰酸钾溶液中浸一下,或用5%来苏尔液喷雾灭菌,再在接种箱中用刀片割去表面2厘米厚菌种连同塑料袋,或割开袋底,从底部往上取菌种,距袋口2厘米厚菌种弃去不用。

B. 接种:接种动作要快,可用镊子或铁勺取菌种,放在培养料表面。一瓶菌种可接40个菌袋,菌种要尽量成块。最后在袋口套圈塞上棉塞,也可以用线扎紧袋口。

⑤发菌培养。接种后的菌袋可竖放于培养架上,袋与袋之间要有空隙,以免夏季在培养过程中菌袋发热,造成高温烧菌。也可把菌袋侧放堆叠,堆高5~6层发菌。培养温度控制在28℃~30℃为好,在接种后7天内保持温度25℃以上,如果温度达不到时,会延长菌种萌发时间,造成污染率高。要及时加热增温,促进接种块尽快恢复萌发吃料。要提高成活率,在发菌过程要掌握好温度,培养室空气相对湿度60%~70%,保持黑暗环境。

接种后前5天发菌不通风,5~7天后适当进行通风,保持培养室内的空气新鲜,正常每天早晚通风1次,每次0.5~1小时。

一般菌袋培养7~10天后,可进行第一次检种,发现污染菌袋可重新灭菌接种。菌袋培养20~25天,要用1.5寸铁钉在长过菌丝处进行刺孔增氧,以利于菌丝生长。培养40~50天,菌丝可长满袋。

污染袋的处理:经发菌7~10天,对培养室内的菌袋进行一次检查。如发现污染的菌袋要轻拿轻放,及时拣出,保持封闭移出室外进行处理。处理办法:将污染菌袋放入高压灭菌锅内灭菌后混合新料重新利用。

(6)覆土出菇。金福菇有不覆土则不出菇的特性,覆土是出菇的重要诱导因素。覆土后,可促进料面和土层中二氧化碳积累,抑制了菌丝在土层中的生长,促进菌丝扭结子实体。覆土中的有益微生物也能促使金福菇菌丝体由营养生长转向生殖生长,从而结菇。覆土还可在料面增加一层保护层,使料温稳定、水分充足,使土层内有一个较为稳定的小气候环境,有利于小菇蕾形成及生长。

①覆土选择及处理。要选用有团粒结构,吸水性强,保水性好,含有适量腐殖质的颗粒土壤。可使用菜园土、稻田土、泥炭土,或添加煤渣的红壤土。为防止土壤中含有杂菌和害虫,要先进行消毒,可使用稀释 50 倍的甲醛(含量为 35% ~40% 的工业用甲醛)喷洒土壤,然后用塑料薄膜覆盖 24 小时,待甲醛气味完全消失后,才用于覆土。覆土前,土要调湿,即用手紧握土成团,松手能散开为宜。

②覆土方法。金福菇的菌丝长满袋 10 ~15 天后,就可以覆土,覆土方法一般分为两种。

A. 袋口覆土法:把菌袋上方塑料薄膜下卷,离料面 5 厘米,然后把土均匀撒在菌种表面,土层厚 3 ~4 厘米。覆土后的菌袋,袋间应留有一定的空隙(1 ~2 厘米),然后在表面覆盖报纸等保湿。这种出菇方式保湿好,病虫害少,出菇多,菇形好,产量高。

B. 全脱袋覆土法:可先在栽培床、架或畦床上铺上塑料薄膜,将脱掉塑料薄膜菌袋竖放在塑料膜上,并覆盖上 3 ~4 厘米厚土,再喷水保湿,并在覆土上盖茅草或报纸保湿,以保持土层湿润。全脱袋出菇可使菌丝相连生长,养分供应较集中,子实体成丛,易长出大型菇,产量高。

也可先直接敞口覆土出菇 2 ~3 潮菇后,再脱袋覆土出菇,其产量也较高。

(7)出菇前管理。在正常的温度和湿度条件下,覆土后菌丝在 24 小时就能恢复生长,5 ~7 天菌丝会开始爬土。一般覆土后 13 ~15 天白色菌丝爬上土表面。此阶段空气湿度应控制在 85% ~90%,可以向地面和空间喷水,以提高湿度。待菌丝爬上土壤表面,均匀分布于土表面,加强通风换气或喷水,促使菌丝倒伏,防止气生菌丝徒长形成菌被,影响出菇。经通风换气或喷水后,菌丝体由营养生长阶段转入生殖生长阶段,菌丝逐渐开始扭结形成原基发生菇蕾。

(8)出菇后管理。出现原基后要保持空气相对湿度在 90% ~

95%,此时要加强通风,同时根据子实体的生长发育不同阶段进行区分管理。子实体发育过程可分为原基期、幼菇期、伸长期和成熟期。原基期是向幼菇转化的关键时期,此阶段子实体易变黄,会出现死亡现象,造成减产。必须保持环境湿度相对稳定,掌握"以保湿为主"的原则,一般不用喷水,干燥天气可同时向地面喷水和向空间喷雾状水,不得向菇体直接喷水;子实体长至 3~4 厘米进入伸长期时,对环境卫生的适应性增强,可每天喷水 1~2 次,喷水时用喷雾器朝上或侧向喷水,同时增加通风量;子实体进入成熟期时,可少量喷水,保持相对湿度在 85%~90%。

(9)采收与采后管理。当子实体菌柄高度达 15~20 厘米,菌盖尚未开伞时适时采收,品质最好。若菌盖直径已长到 3~5 厘米时,应及时采收。如果采收太迟,成熟过度,品质下降。金福菇开伞后体积可达 20~25 厘米,不便于包装,采后应分割成单个,并削去连接的基部残物等,用塑料袋或托盘进行包装上市。采收结束后,清理料面,剔除老化菌皮和残留菌柄。要将料面整平,防止积水,停水 5~7 天,再进行补水,10~15 天会形成第 2 潮原基,一般可采收 3~4 潮菇,生物学效率在 80%~100%。

附　录

一、常规菌种制作技术

常规菌种生产有许多共同之处,如制种设施、接种工具、无菌条件、分离方法等均基本相同。为避免在介绍每个品种时,都要详细讲制种问题,现将常规菌种制作的原则和要求分述如下,以便初学者参考和使用。

(一)菌种生产的程序

菌种生产的程序为:一级种(母种)→二级种(原种)→三级种(栽培种)。各级菌种的生产要紧密衔接,以确保各级菌种的健壮。不论哪级菌种,其生产过程都包括:原料准备→培养基配制→分装和灭菌→冷却和接种→培养和检验→成品菌种。

(二)菌种生产的准备

1. 原料准备

(1)生产母种的主要原料:马铃薯、琼脂(又称洋菜)、葡萄糖、蔗糖、麦麸、玉米粉、磷酸二氢钾、硫酸镁、蛋白胨、酵母粉、维生素 B_1 等。

(2)生产原种和栽培种的主要原料:麦粒、谷粒、玉米粒、棉籽壳、玉米芯(粉碎)、稻草、大豆秆、麦麸或米糠、过磷酸钙、石膏、石灰等。

2. 消毒药物准备

常用化学消毒药物有以下几种:

(1)乙醇(即酒精):用75%的酒精对物体表面(包括菇体、手指等)进行擦拭,消毒效果很好。

(2)新洁尔灭:配成0.25%的溶液用棉球蘸取后擦拭物体表面消毒。

(3)苯酚(又称石炭酸):用5%的苯酚溶液喷雾接种室、冷却室,用于空气消毒。

（4）煤酚皂液（俗称来苏尔）：用1%～2%的浓度喷雾接种室、培养室和浸泡操作工具,以及对空气和物体表面消毒。

（5）漂白粉：用饱和溶液喷洒培养室、菇房（棚）等,可杀灭空气中的多种杂菌。

（6）甲醛和高锰酸钾：按10:7的比例混合熏蒸接种室、培养室等,可起到很好的杀菌消毒作用。

（7）过氧乙酸：将过氧乙酸Ⅰ和过氧乙酸Ⅱ按1:1.5比例混合,置于广口瓶等容器内,加热促进挥发,能起到对空气和物体表面的消毒作用。

3. 设施准备

（1）培养基配制设备。

①称量仪器：架盘天平或台式扭力天平,50毫升、100毫升、1000毫升规格量杯、量筒,200毫升、500毫升、1000毫升等规格的三角烧瓶、烧杯。

②小刀、铝锅、玻璃棒、电炉或煤气炉灶、试管、漏斗、分装架、棉花、线绳、牛皮纸或防潮纸、灭菌锅（用于母种生产的灭菌锅常为手提式高压蒸汽灭菌器或立式高压蒸汽灭菌器）。

③用于原种和栽培生产的设备：台秤、磅秤、水桶、搅拌机、铁锹、钉耙等。

（2）灭菌设备。

①高压蒸汽灭菌：高压蒸汽灭菌器是一个可以密闭的容器,由于蒸汽不能逸出,水的沸点随压力增加而提高,因而加强了蒸汽的穿透力,可以在较短的时间内达到灭菌的目的。一般在0.137兆帕压力下,维持30分钟,培养基中的微生物,包括有芽孢的细菌都可杀灭。高压灭菌时,灭菌压力和维持时间因灭菌物体的容积和介质不同而有所区别。

常用高压灭菌器有手提式高压灭菌锅和立式高压灭菌锅及卧式高压灭菌锅（图1）。手提式高压灭菌锅结构简单,使用方便,缺点是容量较小,无法满足规模生产原种及栽培种的需要。

卧式、立式高压灭菌锅容量大,除具有压力表、安全阀、放气阀等部件外,还有进水管、出水管、加热装置等,可用于原种和栽培种的批量生产。

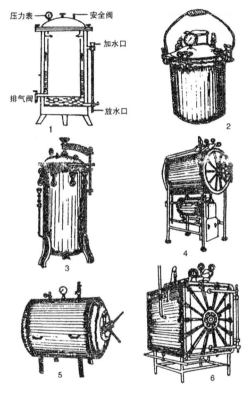

图1 蒸汽高压灭菌锅类型
1、2. 手提式 3. 直立式 4、5. 卧式圆形
6. 卧式方形(消毒柜)

②常压蒸汽灭菌:又称流通蒸汽灭菌,主要由灭菌灶与灭菌锅组成(图2A、图2B)。小量生产,也可用柴油桶改制灭菌灶。由于灭菌的密闭性能和灭菌物品介质的不同,灭菌温度通常在95℃～105℃。采用常压蒸汽灭菌,当灭菌锅内温度上升到100℃开始计时,维持6～

10 小时,停火后,再用灶内余火焖一夜。

（3）接种设备。

①接种室:应设在灭菌室和培养室之间,培养基灭菌后就可很快转移进接种室,接种后即可移入培养室进行培养,以避免长距离的搬运过程浪费人力并导致污染。接种室的设备应力求简单,以减少灭菌时的死角。接种室与缓冲室之间装拉门,拉门不宜对开,以减少空气流动。在接种室中部设一工作台,在工作台上方和缓冲室上方,各装一支 30 ~ 40 瓦的紫外线杀菌灯和 40 瓦日光灯,灯管与台面相距 80 厘米,勿超过 1 米,以加强灭菌效果。接种时关闭紫外线灯,以免伤害工作人员的身体。

接种室要经常保持清洁。使用前要先用紫外线灯消毒 15 ~ 30 分钟,或用 5% 的石炭酸、3% 煤酚皂溶液喷雾后再开灯灭菌,空气消毒后经过 30 分钟,送入准备接种的培养基及所需物品,再开紫外线灯灭菌 30 分钟,或用甲醛熏蒸消毒后,密闭 2 小时。

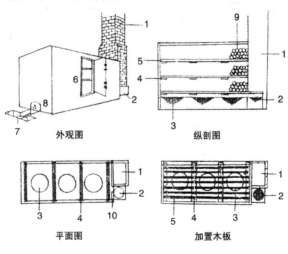

外观图　　　　　纵剖图

平面图　　　　　加置木板

图 2A　大型灭菌灶

1. 烟囱　2. 添水锅　3. 大铁锅　4. 横木　5. 平板
6. 进料门　7. 扒灰坑　8. 火门　9. 培养料　10. 进水管

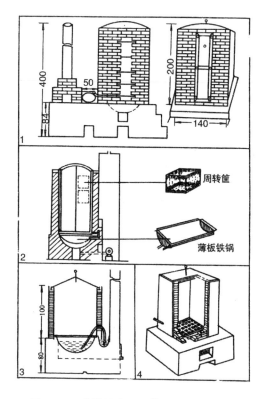

图2B　几种简易常压灭菌灶(单位:厘米)

1. 简易灭菌灶　2. 管式灭菌灶

3. 虹吸式灭菌灶　4. 土蒸灶

　　接种时要严格遵守无菌操作规程,防止操作过程中杂菌侵入,操作完毕后,供分离用的组织块、培养基碎屑以及其他物品应全部带出室外处理,以保持接种室的清洁。接种室示意图见图3。

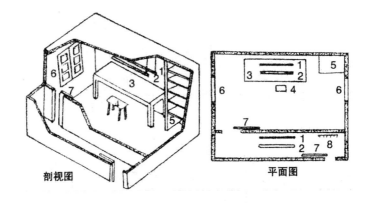

剖视图　　　　　　　平面图

图 3　接种室

1. 紫外灯　2. 日光灯　3. 工作台　4. 凳子　5. 瓶架

6. 窗　7. 拉门　8. 衣帽钩

②接种箱(图4)：接种箱是一种特制的、可以密闭的小箱，又叫无菌箱，用木材及玻璃制成。接种箱可视需要设计成双人接种箱和单人接种箱，双人接种箱的前后两面各装有一扇能启闭的玻璃窗，玻璃窗下方的箱体上开有两个操作孔。操作孔口装有袖套，双手通过袖套伸入箱内操作，操作完毕后要放入箱内。操作孔上还应装上两扇可移动的小门。箱顶部装有日光灯及紫外线灯，接种时，酒精灯燃烧散发的热量会使箱内温度升高到40℃以上，使培养基移动或熔化，并影响菌种的生活力。为便于散发热量，在顶板或两侧应留有两排气孔，孔径小于8厘米，并覆盖8层纱布过滤空气。双人接种箱容积以放入750毫升菌种瓶100～150瓶为宜，过大操作不便，过小显得不经济。

接种箱的消毒可用40%的甲醛溶液8毫升倒入烧杯中，加入高锰酸钾5克(1立方米容积用量)，熏蒸45分钟，在使用前以紫外线灯照射30分钟。如只是少量的接种工作，则可在使用前喷一次5%碳酸溶液，并同时用紫外线灯照射20分钟即可。

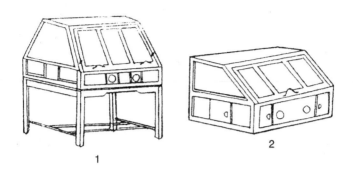

图 4　接种箱

1. 双人接种箱　2. 单人接种箱

（引自《自修食用菌学》）

③超净工作台:分单人用和双人用两类。单人超净工作台操作台面较小,一般为(80～100)厘米×(60～70)厘米;双人超净工作台操作台面较大,可两人同时一面或对面操作。使用前打开开关,净化空气10～20分钟后即可操作接种。(图5)

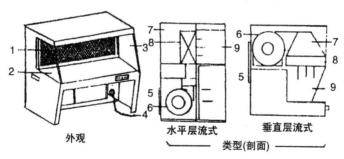

图 5　超净台

1. 高效过滤器　2. 工作台面　3. 侧玻璃　4. 电源　5. 预过滤器　6. 风机　7. 静压箱　8. 高效空气过滤器　9. 操作区

④接种工具:接种刀、接种铲、接种耙、接种针、接种镊等。

4. 培养室

培养室是进行菌种恒温培养的地方。因为温度关系到菌丝生长的速度、菌丝对培养基分解能力的强弱、菌丝分泌酶的活性高低及菌丝生长的强壮程度,对它的基本要求是大小适中,密闭性能好,地面及四周墙面光滑平整,便于清洗。为了保持室内的一定温度,在冬季和夏季要采用升温和降温的措施来控制。室内同时挂上温度计和湿度计来掌握。(图6)

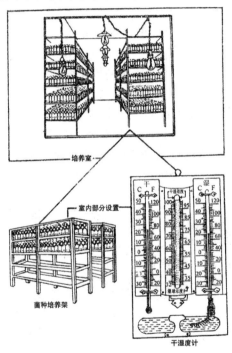

图6 培养室及其室内设置

升温一般采用木炭升温、电炉升温、蒸汽管升温等办法。在升温过程中,为了保持培养室的清洁卫生,避免燃烧产生的二氧化碳、一氧化碳等有害气体对菌种的影响,加温炉最好不要直接放在室内。

降温目前常用空调降温、冰砖降温、喷水降温等措施。在采用喷水降温时,应加大通风量,以免培养室过湿而滋生杂菌。

培养室内可设几个用来存放菌种瓶的床架,一般设 3~5 层,每层的高度设计要便于操作。在菌种排列密集的培养室内,可设合适的窗口,以利空气对流。当培养室内外湿度大时,可在室内定期撒上石灰粉吸潮,以免滋生杂菌。菌丝培养阶段均不需要光线或是只需微弱散射光,在避光条件下培养对菌丝生长最为有利。

（三）母种的制作

1. 斜面培养基的制备

（1）培养基配方。常用的有以下数种:

①PDA 培养基:马铃薯(去皮)200 克,葡萄糖 20 克,琼脂 10~20 克,水 1000 毫升,pH 6.2~6.5。

②PDA 综合培养基:马铃薯(去皮)200 克,葡萄糖 20 克,磷酸二氢钾 2 克,硫酸镁 0.5 克,琼脂 10~20 克,水 1000 毫升,pH 6.2~6.5。

③PYA 综合培养基:马铃薯(去皮)200 克,葡萄糖 20 克,酵母粉 2 克,磷酸二氢钾 2 克,硫酸镁 0.5 克,琼脂 10~20 克,水 1000 毫升,pH 6.2~6.5。

④MPA 综合培养基:马铃薯(去皮)200 克,葡萄糖 20 克,蛋白胨 2 克,磷酸二氢钾 2 克,硫酸镁 0.5 克,琼脂 10~20 克,水 1000 毫升,pH 6.2~6.5。

⑤木屑综合培养基:马铃薯(去皮)200 克,阔叶树木屑 100 克,葡萄糖 20 克,磷酸二氢钾 2 克,琼脂 10~20 克,水 1000 毫升,pH 6.2~6.5。

⑥麦麸综合培养基:马铃薯(去皮)200 克,麦麸 50~100 克,葡萄糖 20 克,磷酸二氢钾 2 克,硫酸镁 0.5 克,琼脂 10~20 克,水 1000 毫升,pH 6.2~6.5。

⑦玉米粉综合培养基:马铃薯(去皮)200 克,玉米粉 50~100 克,葡萄糖 20 克,磷酸二氢钾 2 克,硫酸镁 0.5 克,琼脂 10~20 克,水 1000 毫升,pH 6.2~6.5。

⑧保藏菌种培养基:马铃薯(去皮)200克,葡萄糖20克,磷酸二氢钾3克,硫酸镁1.5克,维生素 B_1 微量,琼脂10～25克,水1000毫升,pH 6.4～6.8。

(2)配制方法。培养基配方虽然各异,但配制方法基本相同,都要经过如下程序:原料选择→称量调配→调节 pH→分装→灭菌→摆成斜面。

①原料选择:最好不使用发芽的马铃薯,若要使用,必须挖去芽眼,否则芽眼处的龙葵碱对菌丝生长有毒害作用。木屑、麦麸、玉米粉等要新鲜不霉变,不生虫,否则昆虫的代谢产物和霉菌产生的毒素对菌丝也有毒害。

②称量:培养基配方中标出的"水1000毫升"不完全是水,实际上是将各种原料溶于水后的营养液容积。配制时要准确称取配方中的各种原料,配制好后总容积达到1000毫升。

③调配:将马铃薯、木屑、麦麸、玉米芯等加适量水于铝锅中煮沸20～30分钟,用2～4层纱布过滤取汁;将难溶解的蛋白胨、琼脂等先入滤汁加热溶解,然后加入葡萄糖、磷酸二氢钾、硫酸镁等,用玻璃棒不断搅拌,使其均匀。如容积不足可加水补至1000毫升。

④调节 pH:不同菌类品种生长发育的最适 pH 不同,不同地区、不同水源的 pH 也不相同,因此对培养基的 pH 有一定要求,需要根据所生产母种的品性来调节合适的 pH。通常选用 pH 试纸测定已调配好的培养基,方法是将试纸浸入培养液中,取出与标准比色板比较变化了的颜色,找到与比色板上色带相一致者,其数值即为该培养基的 pH。如果 pH 不符合所需要求,过酸(小于7),可用稀碱(氢氧化钠)或碳酸氢钠溶液调整;若过碱(大于7),则用稀酸(氯化氢)或柠檬酸、乙酸溶液调整。

⑤分装:将调节好 pH 的培养基分装于玻璃试管中,试管规格为(18～20)厘米(长)×(18～20)毫米(口径)。新启用的试管,要先用稀硫酸液在烧杯中煮沸以清除管内残留的烧

碱,然后用清水冲洗干净,倒置晾干备用;切勿现洗现用,以免因管壁附有水膜,导致培养基易在试管内滑动。分装试管时可使用漏斗式分装器,也可自行设计使用倒"V"字形虹吸式分装器。分装时先在漏斗或烧杯中加满培养基,用吸管先将培养基吸至低于烧杯中培养基液面,然后一手管住止水阀,另一手执试管接收流下来的培养基,达到所需量时,关闭止水阀(或自由夹)。如此反复分装完毕。分装时尽量避免流出的培养基粘在近管口或壁上,如不慎粘上,要用纱布擦净,以免培养基粘住棉塞而影响接种和增加污染率。试管装量一般为试管高度的 1/5～1/4,不可过多,也不可过少。

分装完毕后试管口盖上棉塞,棉塞要用干净的普通棉花做成,上下粗细均匀、松紧适度,以塞好后手提时不掉为宜。棉塞长度以塞入试管内 1.5～2.0 厘米,外露 1.5 厘米左右为宜。然后10 支捆成一捆,管口用牛皮纸或防潮纸包紧入锅灭菌。

(3)灭菌。将捆好的试管放入高压灭菌锅内灭菌。先在锅内加足水,将试管竖立于锅内,加盖拧紧,然后接通热源加热。由于不同型号的高压锅内部结构不完全相同,操作时要严格按有关产品说明书进行,以免发生意外。加热时,当压力达到 0.1～0.11 兆帕开始计时,保持 30 分钟即可。灭菌完毕后,待压力降至零后打开排气阀排尽蒸汽,然后开盖,取出试管,趁热摆成斜面。方法是在平整的桌面上放一根0.8～1.0 厘米厚的长木条,将灭好菌的试管口向上斜放在木条上。斜面的长以不超过试管总长度的 1/2 为宜,冷却凝固后即成斜面培养基(图 7)。将斜面试管取出,于 28℃ 下培养 24～48 小时,检查灭菌效果,如斜面无杂菌生长,方可做斜面培养基使用。

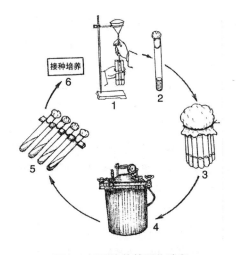

图7 斜面培养基制作流程
1. 分装试管 2. 塞棉塞 3. 打捆
4. 灭菌 5. 排成斜面

2. 菌种的分离

（1）母种的选择：母种可引进或自选优良菌株进行分离，珍稀品种最好引进。

（2）母种的分离：母种的分离可分孢子分离法、组织分离法和菇木分离法三种。

①孢子分离法：孢子分离有单孢分离和多孢分离两种，不论哪种均需先采集孢子，然后进行分离。

A. 种菇的选择和处理：选用菇形圆整、健壮、无病虫害、七八成熟、性状优良的单生菇子实体作为种菇，去除基部杂质，放入接种箱中，用新洁尔灭或75%的乙醇进行表面消毒。

B. 采集孢子：采集孢子的方法很多，最常用的有整菇插种法、孢子印法、钩悬法和贴附法。

下面以整菇插种法（图8）为例，具体介绍其采孢及分离方法。

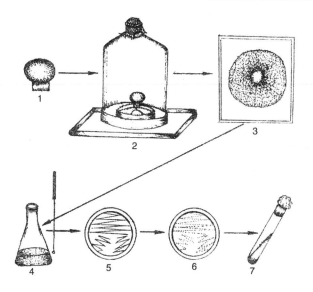

图8 钟罩法采集分离伞菌类孢子

1. 种菇 2. 孢子采集装置 3. 孢子印 4. 孢子悬浮液

5. 用接种环沾孢子液在平板上划线 6. 孢子萌发

7. 移入试管培养基内培养

选取菌盖4～6厘米的子实体,切去菌柄,经表面消毒后插入下面有培养皿的孢子收集器内。盖上钟罩,让其在适温下自然弹射孢子,经1～2天,就有大量孢子落入培养皿内。然后将孢子收集器移入无菌箱中,打开钟罩,去掉种菇,将培养皿用无菌纱布盖好,并用透明胶或胶布封贴保存备用。

C. 接种:将培养基试管、注射器、无菌水等器物用0.1%的高锰酸钾溶液擦洗后放入接种箱内熏蒸消毒,半小时后进行接种操作。打开培养皿,用注射器吸取5毫升无菌水注入盛有孢子的培养皿中,轻轻摇动,使孢子均匀地悬浮于水中。把培养皿倾斜置放,因饱满孢子比重大,沉于底层,这样可起到选种的作用。用注射器吸取下层孢子液2～3毫升,然后再吸取2～3滴无菌水,将孢子液进一步稀释;将注射器装上长针头,针头朝上,静置数分钟后推去上部悬浮液,拔松斜面试管棉塞,把针头从试管壁插入,注入孢子液 1 ~ 2 滴,让其顺试管斜面流下,抽出针头,塞紧棉塞,放置好试管,使孢子均匀分布于培养基斜面上。

D. 培养:接种后将试管移入 25℃ 左右的恒温箱中培养,经常检查孢子萌发情况及有无杂菌污染。在适宜条件下,3 ~ 4 天培养基表面就可看到白色星芒状菌丝。一个菌丝丛一般由一个孢子发育而成,当菌丝长到绿豆大小时,从中选择发育匀称、生长迅速、菌丝清晰整齐的单个菌落,连同一层薄薄培养基,移入另一试管斜面中间,在适温下培养,即得单孢子纯种。

有些菇是异宗结合的菌类,如平菇,单孢子的培养物不能正常出菇,必须要两个可亲和性的单孢萌发的单核菌丝交配而形成双核菌丝才具结实性。

E. 孢子纯化分离:采集到的孢子不经分离直接接于斜面上也能培育出纯菌丝,但在菌丝体中必然还夹杂有发育畸形或生产衰弱及不孕的菌丝。因此,对采集到的孢子必须经过分离优选,然后才能制作纯优母种。分离方法有以下两种。

a. 单孢分离法:所谓单孢分离,就是将采集到的孢子群单个分开培养,让其单独萌发成菌丝而获得纯种的方法。此种方法多用于研究菌菇类生物特性和遗传育种,直接用于生产上较少,这里不予介绍。

b. 多孢分离法:所谓多孢分离,就是把采集到的许多孢子接种在同一斜面培养基上,让其萌发和自由交配,从而获得纯种的一种制种方法。此法应用较广,具体做法可分斜面划线法、涂布分离法及直接培养法。下面介绍前两种分离法。

(a)斜面划线法:将采集到的孢子,在接种箱内按无菌操作规程,用接种针蘸取少量孢子,在 PDA 培养基上自下而上轻轻划线接种(不要划破培养基表面)。接种后灼烧试管口,塞上棉塞,置适温下培养,待孢子萌发后,挑选萌发早、长势旺的菌落,转接于新的试管培养基上再行培养,发满菌丝即为纯化母种。

(b)涂布分离法:用接种环挑取少量孢子至装有无菌水的试管

中,充分摇匀制成孢子悬浮液,然后用经灭菌的注射器或滴管,吸取孢子悬浮液,滴1~2滴于试管斜面或平板培养基上,转动试管,使悬浮液均匀分布于斜面上;或用玻璃利刀将平板上的悬浮孢子液涂布均匀。经恒温培养萌发后,挑选几株发育匀称、生长快的菌落,移接于另一试管斜面上,适温培养,长满菌丝即为纯化母种。

以上分离出的母种,必须经过出菇试验,取得生物学特性和效应等数据后,才能确定能否应用于生产,千万不可盲从!

②组织分离法:采用菇体组织(子实体)分离获得纯菌丝的一种制种方法。这是一种无性繁殖法,具有取材容易、操作简便、菌丝萌发早的优点,有利保持原品种遗传性、污染率低、成功率高等特点,在制种上使用较普遍。(图9)

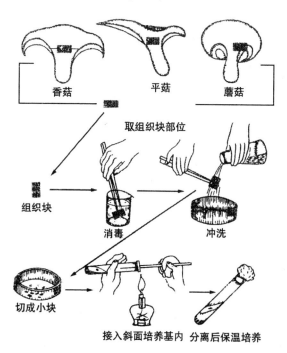

图9　组织分离操作过程

具体操作方法如下：挑选子实体肥厚、菇柄短壮、无病虫害，具有本品系特征的七八成熟的鲜菇做种菇，切去基部杂质部分，用清水洗净表面，置于接种箱内，放入0.1%的升汞溶液中浸泡1分钟，用无菌水冲洗数次，用无菌纱布吸干水渍，用经消毒的小刀将种菇剖开为二，在菌盖与菌柄相交处用接种镊夹取绿豆大一小块，移接在试管斜面中央，塞上棉塞，移入25℃左右培养室内培养，当菌丝长满斜面，查无杂菌污染时，即可作为分离母种。也可从斜面上挑选纯洁、健壮、生长旺盛的菌丝进行转管培养，即用接种针（铲）将斜面上的菌丝连同一层薄薄的培养基一起移到新的试管斜面上，在适温下培养，待菌丝长满，查无杂菌，即为扩繁的母种。

3. 母种的扩繁与培养

为了适应规模化生产，引进或分离的母种，必须经过扩大繁殖与培养，才能满足生产上的需要。母种的扩繁与培养，具体操作方法如下：

（1）扩繁接种前的准备。接种前一天，做好接种室（箱）的消毒工作。先将空白斜面试管、接种工具等移入接种室（箱）内，然后用福尔马林（每立方米空间用药5～10毫升）加热密闭熏蒸24小时，再用5%石炭酸溶液喷雾杀菌和除去甲醛臭气，使臭气散尽后入室操作。如在接种箱内接种，先打开箱内紫外线灯照射45分钟，关闭箱室门，人员离开室内以防辐射伤人。照射结束后停半小时以上方可进行操作。操作人员要换上无菌服、帽、鞋，用2%煤酚皂液（来苏尔）将手浸泡几分钟，并将引进或分离的母种用乙醇擦拭外部后带入接种室（箱）。

（2）接种方法。左手拿起两支试管，一般斜面试管母种在上，空白斜面试管在下，右手拿接种耙，将接种耙在酒精灯上烧灼后冷却，在酒精灯火焰附近先取掉母种试管口棉塞，再用左手无名指和小指抽掉空白斜面试管棉塞夹住，试管口稍向下倾斜，用酒精灯火焰封锁管口，把接种耙伸入试管，将母种斜面横向切成2毫米左右的条，不要全部切断，深度约占培养基的1/3，再将接种铲灼烧后冷却,将母种纵向切成若干小块,深度同前,宽 2 毫米,长 4 毫米,拔去空白试管的棉塞,用接种铲挑起一小块带培养基的菌丝体,迅速将接种块移入空白斜面中部。接种时应使有菌丝的一面竖立在斜面上,这样气生菌丝和基内菌丝都能同时得到发育。在接种块过管口时要避开管口和火焰接触,以防烫死或灼伤菌丝。将棉塞头在火焰上烧一下,然后立即将棉塞塞入试管口,将棉塞转几下,使之与试管壁紧贴。接种量一般每支 20 毫米 × 200 毫米的试管母种可移接 35 支扩繁母种。(图 10)

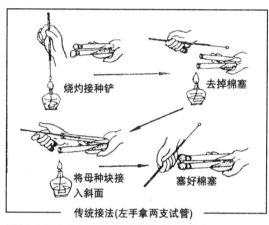

图 10　母种扩接操作过程

接种完毕后,及时将接好的斜面试管移入培养室中培养。移入前,搞好室内卫生,用0.1%的来苏尔液或清水清洗室内及台面,并开紫外线灯灭菌30分钟。培养期间,室温控制在25℃左右,并注意检查发菌情况,发现霉菌感染,及时淘汰。待菌丝长满斜面即为扩繁母种。

(四)原种和栽培种的制作

先由母种扩接为原种(图11),再由原种转接为栽培种。

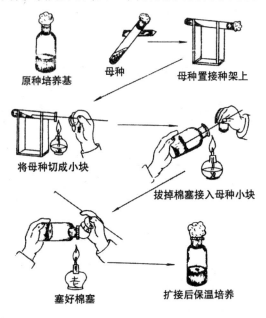

原种培养基　　母种　　　　母种置接种架上

将母种切成小块

拔掉棉塞接入母种小块

塞好棉塞　　　　扩接后保温培养

图11　从母种扩接为原种的操作过程

制作原种和栽培种的原料配方及制作方法基本相同。只因栽培种数量较大,所用容器一般为聚丙烯塑料袋装料。其工艺流程为:配料→分装→灭菌→冷却→接种→培养→检验→成品。

1. 原料配方

原种和栽培种按培养基质可分为谷粒种和草料种,按基质状态又可分为固体种和液体种。目前生产上广为应用的是固体种。

常用作谷粒种培养基的原料有小麦、大麦、玉米、谷子、高粱、燕麦等，常用作草料种的培养基的原料为棉籽壳、稻草、木屑、玉米芯、豆秸等。此外，还有少量石膏、麦麸、米糠、过磷酸钙、石灰、尿素等作为辅料。常用配方如下：

(1)谷粒种培养基及其配制。

①麦粒培养基：选用无霉变、无虫蛀、无杂质、无破损的小麦粒做原料，用清水浸泡 6～8 小时，以麦粒吸足水分至涨满为度。浸泡时，每 50 千克小麦加 0.5 千克石灰和 2 千克福尔马林，用以调节酸碱度和杀菌消毒。然后入锅，用旺火煮 10～15 分钟，捞起控水后加干重 1% 的石膏，拌匀后装瓶、加盖、灭菌。

②谷粒培养基：选饱满无杂质、无霉变的谷粒，用清水浸泡 2～3 小时，用旺火煮 10 分钟(切忌煮破)，捞起控水后加 0.5%(按干重计)生石灰和 1%(按干重计)石膏粉，搅拌均匀后装瓶、灭菌。

③玉米粒培养基：选饱满玉米，用清水浸泡 8～12 小时，使其充分吸水，然后煮沸 30 分钟，至玉米变软膨胀但不开裂为度。捞起控干水分，拌入 0.5%(按干重计)生石灰，装瓶、灭菌。

以上培养基灭菌均采用高压蒸汽灭菌，高压 0.2 兆帕，灭菌 2～2.5 小时；若用 0.15 兆帕，则需 2.5～3 小时。

(2)草料种配方及配制。

①纯棉籽壳培养基：棉籽壳加水调制含水量 60%，拌匀后装瓶(袋)、灭菌。

②棉籽壳碱性培养基：棉籽壳 99%，石灰 1%，加水调至含水量 60%，拌匀后装瓶(袋)、灭菌。

③棉籽壳玉米芯混合培养基：棉籽壳 30%～78%，玉米芯(粉碎)20.5%～68.5%，石膏 1%，生石灰 0.5%，加水调至含水量 60%，拌匀后装瓶(袋)、灭菌。

④玉米芯麦麸培养基：玉米芯(粉碎)82.5%，麦麸或米糠 14%，过磷酸钙 2%，石膏 1%，石灰 0.5%，加水调至含水量 60%，拌匀后装瓶(袋)、灭菌。

⑤木屑培养基:阔叶树木屑 79.5%,麦麸或米糠 19%,石膏 1%,石灰 0.5%,加水调至含水量 60%,拌匀后分装灭菌。

⑥稻草培养基:稻草(粉碎)76.5%,麦麸 20%,过磷酸钙 2%,石膏 1%,石灰 0.4%,尿素 0.1%,加水调至含水量 60%,拌匀后装瓶(袋)、灭菌。

⑦豆秸培养基:大豆秸(粉碎)88.5%,麦麸或米糠 10%,石膏 1%,石灰 0.5%,加水调至含水量 60%,拌匀装瓶(袋)、灭菌。

以上各配方在有棉籽壳的情况下,均可适当增加棉籽壳用量。其作用有二:一是增加培养料透气性,有利发菌;二是其中棉仁酚有利菌丝生长。不论是瓶装还是袋装,都要松紧适度。装得过松,菌丝生长快,但菌丝细弱、稀疏、长势不旺;装得过紧,通气不良,菌丝生长困难。谷粒种装瓶后要稍稍摇动几下,以使粒间孔隙一致。其他料装瓶后要用锥形木棒(直径 2~3 厘米)在料中间打一个深近瓶底的接种孔,然后擦净瓶身,加塞棉塞和外包牛皮纸,以防灭菌时冷凝水打湿棉塞,引起杂菌感染。

用塑料袋装料制栽培种时,塑料袋不可过大,一般 13~15 厘米宽,25 厘米长即可,每袋装湿料 400~500 克。最好使用塑料套环和棉塞,以利通气发菌。

2. 灭菌

灭菌是采用热力(高温)或辐射(紫外线)杀灭培养基表面及基质中所带有害微生物,以达到在制种栽培中免受病虫危害的目的。因此灭菌彻底与否,直接关系到制种的成败及质量的优劣。培养基分装后要及时灭菌,一般应在 4~6 小时内进行,否则易导致培养料酸败。不同微生物对高温的耐受性不同,因此灭菌时既要保证一定的温度,又要保证一定的时间,才能达到彻底灭菌的目的。

制作原种和栽培种时,常用的灭菌方法有高压蒸汽灭菌法和常压蒸汽灭菌法。这两种灭菌方法,其锅灶容量较大,前者适合原种生产,后者适于栽培种生产。

(1)高压蒸汽灭菌法:利用密封紧闭的蒸锅,加热使锅内蒸汽

压力上升,使水的沸点不断提高,锅内温度增加,从而在较短时间
内杀灭微生物(包括细菌芽孢)。是一种高效快捷的灭菌方法。
主要设备是高压蒸汽灭菌锅,有立式、卧式、手提式等多种形式,
大量制作原种和栽培种时多使用前两种。使用时要严守操作规
程,以免发生事故。高压锅内的蒸汽压力与蒸汽温度有一定的关
系,蒸汽温度与蒸汽压力成正相关,即蒸汽温度越高,所产生的蒸
汽压力就越大,如表1所示。

表1　蒸汽温度与蒸汽压力对照表

蒸汽温度(℃)	蒸汽压力 (lbf/in²)	蒸汽压力 (kgf/cm²)	蒸汽压力 (MPa)
100.0	0.0	0.0	0.0
105.7	3	0.211	0.0215
111.7	7	0.492	0.0502
119.1	13	0.914	0.0932
121.3	15	1.055	0.1076
127.2	20	1.406	0.1434
128.1	22	1.547	0.1578
134.6	30	2.109	0.2151

注:此表引自贾生茂等《中国平菇生产》。lbf/in² 表示英制磅力每平方英
寸,kgf/cm² 表示公制千克力每平方厘米,MPa(兆帕)表示压力的法定计量单
位。

因此,从高压锅的压力表上可以了解和掌握锅内蒸汽温度的
高低及蒸汽压力的大小。如当压力表上的读数为 0.211 或
0.0215 时,其高压锅内的蒸汽温度即为105.7℃。一般固体物质
在0.14~0.2兆帕下,灭菌1~2.5小时即可。使用的压力和时间
要依据原料性质和容量多少而定,原料的微生物基数大,容量多
使用的压力相对要高,灭菌时间要长,才能达到彻底灭菌效果。
不论采用哪种高压灭菌器灭菌,灭菌后均应让其压力自然下降,

当压力降至零时,再排汽,汽排净后再开盖出料。

(2)常压蒸汽灭菌法:采用普通升温产生自然压力和蒸汽高温(98℃~100℃)以杀灭微生物的一种灭菌方法。这种灭菌锅灶种类很多,可自行设计建造。其容量大,一般可装灭菌料1500~2000千克(种瓶2000~4000个),很适合栽培种培养基或熟料栽培原料的灭菌。采用此法灭菌时,料瓶(袋)不要码得过紧,以利蒸汽串通;火要旺,装锅后在2~3小时使锅内温度达98℃~100℃,开始计时,维持6~8小时。灭菌时间可根据容量大小而定,容量大的灭菌时间可适当延长,反之可适当缩短。灭菌中途不能停火或加冷水,否则易造成温度下降,灭菌不彻底。灭菌完成后不要立即出锅,用余热将培养料在锅内闷一夜后再出锅,这样既可达到彻底灭菌的目的,又可有效地避免因棉塞受潮而引起杂菌感染。

3. 冷却接种

(1)冷却。灭菌后将种瓶(袋)运至洁净、干燥、通风的冷却室或接种室,让其自然冷却,当料温冷却至室温(30℃以下)时方可接种。料温过高,接种容易造成"烧菌"。

(2)消毒。接种前,要用甲醛和高锰酸钾等对接种室进行密闭熏蒸消毒(用量、方法如前所述),用乙醇或新洁尔灭等对操作台的表面进行擦拭。然后打开紫外灯照射30分钟,半小时后开始接种。使用超净工作台接种时,先用75%酒精擦拭台面,然后打开开关吹过滤空气20分钟。无论采用哪种方法接种,均要严格按无菌操作规程进行。

(3)接种方法。一人接种时,将母种(或原种)夹在固定架上,左手持需要接种的瓶(袋),右手持接种钩、匙,将母种或原种取出迅速接入瓶(袋)内,使菌种块落入瓶(袋)中央料洞深处,以利菌丝萌发生长。二人接种时,左边一人持原种或栽培瓶(袋),负责开盖和盖盖(或封口),右边一人持母种或原种瓶及接种钩,将菌种掏出迅速移入原种或栽培瓶(袋)内。袋料接种后,要注意扎封好袋口,最好套上塑料环和棉塞,既有利于透气,又有利于防杂。

4. 培养发菌

接种后将种瓶(袋)移入已消毒的培养室进行培养发菌(简称培菌)。培菌期间的管理主要抓以下两项工作:

(1)控制适宜的温度。如平菇(侧耳类的代表种)菌丝生长的温度范围较广,但适宜的温度范围只有几度,且不同温型的品种,菌丝生产对温度的需求又有所不同,因此,要根据所培养的品种的温型及适温范围对温度加以调控。菌丝生长阶段,中低温型品种一般应控温在20℃~25℃,广温和高温型品种以24℃~30℃为宜。平菇所有品种的耐低温性都大大超过其对高温的耐受性。当培养温度低于适温时,只是生长速度减慢,其生活力不受影响;当培养温度高于适温时,菌丝生长稀疏纤细,长势减弱,活力受到削弱。因此,培养温度切忌过高。

为了充分利用培养室空间,室内可设多层床架,用以摆放瓶(袋)进行立体培养。如无床架,在低温季节培菌时,可将菌种瓶(袋)堆码于培养室地面进行墙式培养。堆码高度一般4~6瓶(袋)高,堆码方式,菌瓶可瓶底对瓶底双墙式平放于地面,菌袋可单袋骑缝卧放于地面。两行瓶(袋)之间留50~60厘米人行道,以便管理。为了受温均匀,发菌一致,堆码的瓶(袋)要进行翻堆。接种后5天左右开始翻堆,将菌种瓶(袋)上、中、下相互移位。随着菌丝的大量生长,新陈代谢旺盛,室温和堆温均有所升高,此时要加强通风降温和换气。如温度过高,要及时疏散菌种瓶(袋),确保菌丝正常生长。

(2)检查发菌情况。接种后发菌是否正常,有无杂菌感染,这都需要通过检查发现,及时处理。一般接种后3~5天就要开始进行检查,如发现菌种未萌发,菌丝变成褐色或萎缩,则需及时进行补种。此后,每隔2~3天检查一次,主要是查看温湿度是否合适,有无杂菌污染。如温度过高,则需及时翻堆和通风降温。如发现有霉菌感染,局部发生时,注射多菌灵或克霉灵,防止扩大蔓延;污染严重时,剔除整个瓶(袋)掩埋处理。当多数菌种菌丝将近长满时,进行最后一次检查,将长势好,菌丝浓密、洁白、整齐者分为一类,其他分为一类,以便用于生产。

(五)菌种质量鉴定

生产出来的菌种是否合格,能否用于生产,是一个非常重要的问题,菌种生产者和栽培者均应认真加以对待,否则使用了劣质菌种,必将造成重大经济损失。要鉴定菌种质量,就必须要有个标准,菌种的质量标准(包括一、二、三级种),一般认为从感官鉴定(普通生产者不可能通过显微观察),主要应包括以下几方面。

1. 合格菌种标准

(1)菌丝体色泽:洁白,无杂色;菌种瓶(袋)上下菌丝色泽一致。

(2)菌丝长势:斜面种,菌丝粗壮浓密,呈匍匐状,气生菌丝爬壁力强。原种和栽培种菌丝密集,长势均匀,呈绒毛状,有爬壁现象,菌丝长满瓶(袋)后,培养基表面有少量珊瑚状小菇蕾出现。

(3)二、三级种培养基色泽:淡黄(木屑)或淡白(棉籽壳),手触有湿润感。

(4)有清香味:打开菌种瓶(袋)可闻到平菇特殊香味,无异味。

(5)无杂菌污染:肉眼观察培养基表面无绿、红、黄、灰、黑等杂菌出现。

2. 不合格或劣质菌种表现

(1)菌丝稀疏,长势无力,瓶(袋)上下生长不均匀。原因是培养料过湿,或装料过松。

(2)菌丝生产缓慢,不向下蔓延。可能是培养料过干或过湿,或培养温度过高所致。

(3)培养基上方出现大量子实体原基,说明菌种已成熟,应尽快使用。

(4)培养基收缩脱离瓶(袋)壁,底部出现黄水积液,说明菌种已老化。

(5)菌种瓶(袋)培养基表面可见绿、黄、红等菌落,说明已被杂菌感染。

以上(1)(2)(3)种可酌情使用,但应加大用种量;(4)(5)种应予淘汰,绝对不能使用。

（六）出菇试验

所生产的菌种是否保持了原有的优良种性,必须通过出菇试验才能确定,具体做法如下:

采用瓶栽或块栽方法,设置 4 个重复,以免出现偶然性。瓶栽法与三级菌种的培养方法基本相同,配料、装瓶、灭菌、接种后置适温下培养,当菌丝长满瓶后再过 7 天左右,即可打开瓶口盖让其增氧出菇。块栽法即取平菇三级种的培养基用 33 厘米见方、厚 6 厘米的 4 个等量的木模(或木箱)装料压成菌块,用层播或点播法接入菌种,置温、湿、气、光等适宜条件下发菌、出菇。发菌与出菇期均按常规法进行管理。

在试验过程中,要经常认真观察、记录菌丝的生长和出菇情况,如种块的萌发时间、菌丝生长速度、吃料能力、出菇速度、子实体形态、转潮快慢、产量高低及质量优劣等表现,最后通过综合分析评比,选出菌丝生长速度快,健壮有力,抗病力强,吃料快,出菇早,结菇多,朵形好,肉质肥厚,转潮快,产量高,品质好的作为合格优质菌种,供应菇农或用于生产。

也可直接将培养好的二级或三级菌种瓶、袋,随意取若干瓶、袋(一般不少于 10 瓶、袋),打开瓶、袋口,或敲碎瓶身或划破袋膜,使培养料外露,增氧吸湿,或覆上合适湿土让其出菇。按上述要求进行观察和记载,最后挑选出表现优良的菌株做种用。

掌握了以上制种技术,很多品种的菌种就基本上都可以自己生产了。

二、无公害菇菌生产要求

菇菌因被公认为"绿色保健食品"而受到人们的普遍欢迎。但随着工农业的不断发展,如果环保工作相对滞后,生态环境污染加重,随着大量的农药、化肥和激素等有毒化学物质应用,将对菇菌生产带来较大的伤害,严重影响菇菌及其产品的质量和风味。如菇体被污染,将难以进入国际市场。因此,无公害菇菌的生产势在必行。

在菇菌生产和加工中,有哪些被污染的途径,如何防止污染呢?

(一)菇菌生产中的污染途径

1. 栽培原料的污染

食用菌的栽培原料多为段木、木屑、棉籽壳、稻草和麦秸等农作物下脚料。有些树木长期生长在汞或镉元素富集的地方,其木材内汞和镉的含量较高。棉籽壳中含有一种棉酚为抗生育酚,对生殖器官有一定危害。汞被人体吸收后,重者可出现神经中毒症状。镉被人体吸收后,可危害肾脏和肝脏,并有致癌的危险。此外,还有铅等重金属元素,也会直接污染栽培料。如果大量、单一采用这些原料栽培菇菌,上述有害物质就会通过“食物链”不同程度地进入菌体组织,人们长期食用这类食品,就会将这些毒物富集于体内,最终导致损害人体健康。

2. 管理过程中的污染

菇菌的生产过程中,要经过配料、装瓶(袋)、浇水、追肥及防治病虫害等工序。在这些工序中如不注意,随时都有可能被污染。在消毒灭菌时,常采用37% ~40%的甲醛等做消毒剂;在防治病虫害时常用多菌灵、敌敌畏、氧化乐果乃至剧毒农药1605等。这些物质对污染物均有较多的残留,且有较长时间的残毒性,易对人体产生毒害。此外,很多农药及有害化学物质,均易溶解和流入水中,如使用此种不洁的水浇灌或浸泡菇菌(加工时),也会污染菌体,进而危害人体。因此,在生产中用水,应符合生活饮用水卫生标准。

3. 产品加工过程中的污染

(1)原料的污染:菇菌的生长环境一般较潮湿,原料进厂后如不及时加工,再堆放一起,因自然发热而引起菇菌腐烂变质,加工时又没严格剔除变质菇体,加工成的产品本身就已被污染。

(2)添加剂污染:菇菌在加工前和加工过程中,常采用焦亚硫酸钠、稀盐酸、矮壮素、比久及调味剂、着色剂、赋香剂等化学药物做护色、保鲜及防腐。尽管这些药物用量很小,有的在加工过程的其他工序中就反复清洗过,且食用时也要充分漂洗,但毕竟难以彻底清除毒素,多少总会残留某些毒物,对人体存在着潜在的毒性威胁。

(3)操作人员污染:采收鲜菇和处理鲜菇原料的人员,手足不清洁,或本身患有乙肝等传染病,都会直接污染原料和产品。

(4)操作技术不严污染:菇菌产品加工工序较多,稍一放松某道工序,就可能导致污染。如盐渍品盐的浓度过低;罐制品杀菌压力不够,时间不足;排气不充分,密封不严等,均能让有害细菌残存于制品中继续为害,进而导致产品败坏。

4. 贮藏、运输、销售等流通环节中的污染

我国目前食用菌的出口产品为干制、盐渍、冷藏、速冻等初加工产品,不论如何消毒灭菌,多数制品均属商业性灭菌,因此产品本身仍然带菌,只要条件合适,所带细菌就能大量繁殖,使产品被污染。一旦温度条件发生变化、冷藏设备失调、干制品受潮、盐渍品盐度降低等,都会导致产品败坏,以致重新被污染。在产品运输途中,如运输工具不洁,在销售过程中,如贮藏不当、包装破损、货架期长,也能被污染。

(二)防止菇菌生产及产品被污染的措施

1. 严格挑选和处理好培养料

(1)一定要选用新鲜、干燥、无霉变的原料做培养料。

(2)尽量避免使用施过剧毒农药的农作物下脚料做培养料。

(3)最好不要使用单一成分的培养料,多采用较少污染的多成分的混合料。

(4)各种原料使用前都要在阳光下进行暴晒,借阳光中的紫外线杀灭原料中携带的部分病菌和虫卵。

(5)大力开发和使用污染较少的"菌草"如芒其、类芦、斑茅、

芦苇、五节芒等做培养料。

2. 严格控制使用高毒农药

菇菌在栽培过程中,要防病治虫时,施用的药物一定要严格选用高效低毒的农药,但在出菇时绝对不要施任何药物。杀虫剂可选用乐果、敌百虫、杀灭菌酯和生物性杀虫剂青白菌、白僵菌及植物性杀虫剂除虫菊等,还可选用驱避剂樟脑丸和避虫油及诱杀剂糖醋液等,熏蒸剂可用磷化铝取代甲醛。杀菌剂以选用代森铵、稻瘟净、井冈霉素、植物杀菌素大蒜素,以及其他抗生素等。这些药物对病虫均有较好的防治作用,而对环境和食用菌几乎无污染。

3. 产品加工时尽量选用无毒的化学药剂

我国已开发和采用抗坏血酸(即维生素 C)和维生素 E 及氯化钠(即食盐)等进行护色处理,并收到理想效果,其制品色淡味鲜,对人体有益无害。有条件的最好采用辐射保鲜。可杀灭菌体内外微生物和昆虫及酶活力,不留下任何有害残留物。

为确保安全,现将有关保鲜防腐剂的限定用量列表如下(表2)。

表2　几种菇菌产品保鲜防腐剂限定用量

物质名称	限定用量	使用方法
氯化钠(食盐)	0.3% ;0.6%	浸泡鲜菇10分钟
氯化钠 + 氯化钙	0.2% +0.1%	浸泡鲜菇30分钟
L-抗坏血酸液	0.1%	喷鲜菇表面至湿润或注罐
L-抗坏血酸液 + 柠檬酸	0.5% + 0.02%	浸泡鲜菇10~20分钟
稀盐酸	0.05%	漂洗鲜菇体
亚硫酸钠	0.1% ~0.2%	漂洗和浸泡鲜菇10分钟
苯甲酸钠(安息香钠)	0.02% ~0.03%	做汤汁注入罐、桶中
山梨酸钠	0.05% ~0.1%	做汤汁注入罐、桶中

4. 产品加工要严格选料和严守操做规程

(1)采用鲜菇做原料的食品,原料必须绝对新鲜,并要严格剔除病虫危害和腐烂变质的菇体;采收前 10 天左右,不得施用农药等化学药物,以防残毒危害人体。

(2)操作人员必须身体健康,凡有乙肝、肺炎、支气管炎、皮炎等病患者,一律不得从事食用菌等产品加工操作。

(3)要做到快采、快装、快运、快加工,严格防止松懈拖拉现象发生,以免导致鲜菇败变。

(4)在加工过程中,对消毒、灭菌、排气、密封、加汤调味等工序,要严格按清洁、卫生、定量、定温、定时等规定执行,切不可偷工减料,以免消毒灭菌不彻底或排气密封不严等导致产品被污染和变质。

5. 产品的贮存、运输及销售中要严防污染变质

(1)加工的产品,不论是干品还是盐渍品及罐制品,均要密封包装,防止受潮或漏气而引起腐烂。

(2)贮存处要清洁卫生、干燥通风,并不得与农药、化肥等化学物质和易散发异味、臭气的物品混放,以防污染产品。

(3)在运输过程中,如路程较远、温度较高时,一定要用冷藏车(船)装运,有条件的可采用空运。用车船运输时,要定时添加一定量的冰块等降温物质,防止在运输过程中因高温而引起腐败变质。

(4)出售时,产品要置于干燥、干净、空气流通的货架(柜)上,防止在货架期污染变质。并要严格按保质期销售,超过保质期的产品不得继续销售,以免损害消费者健康。

三、鲜菇初级保鲜贮藏法

绝大多数菇菌鲜品含水量高(一般均在90%以上),新鲜,嫩脆,一般不耐贮藏。尤其在温度较高时,若逢出菇高峰期,如不能及时鲜销或加工,往往导致腐烂变质,失去商品价值,造成重大经济损失。因此,必须对鲜品进行初级保鲜,以减少损失,确保良好的经济效益。现将有关技术介绍如下:

(一)采收与存放

采收鲜菇时,应轻采轻放,严禁重抛或随意扔甩,以防菇体受震破碎。采下的菇要存入专用筐、篮内,其内要先垫一层白色软纸,一层层装满装实(不要用手压挤),上盖干净湿布或薄膜,带到

合适地点进行初加工。

(二)初加工处理

将采回的鲜菇,一朵朵去掉菌类基部所带培养基等杂物,分拣出病虫害的菇体,适当修整好畸形菇,剪去过长的菌柄,对整丛过大的菌体进行分开和切小,再分装于箱(筐)中,也可分成 100 克、200 克、250 克、500 克及 1000 克的中小包装。鲜香菇等名贵菇类,可按菇体肥厚,菇形大小基本一致,进行精品包装或统级包装。不论采用何种包装,最好尽快上市鲜销,不能及时鲜销时,置低温、避光通风地短暂贮藏。

(三)保鲜方法

1. 低温保鲜法

低温保鲜即通过低温来抑制鲜菇的新陈代谢及腐败微生物的活动,使之在一定的时间内保持产品的鲜度、颜色、风味不变的一种保鲜方法。常用方法有以下几种:

(1)常规低温保鲜:将采收的鲜菇经整理后,立即放入筐内、篮中,上盖多层湿纱布或塑料膜,置于冷凉处,一般可保鲜 1～2 天。如果数量少,可置于洗净的大缸内贮存。具体做法:在阴凉处置缸,缸内盛少许清水,水上放一木架,将装在筐、篮内的鲜菇放于木架上,再用塑料膜封盖缸口,塑料膜上开 3～5 个透气孔。在自然温度 20℃以下时,对双孢蘑菇、草菇、金针菇、平菇等柔质菌类短期保鲜效果良好。

(2)冰块致冷保鲜:将小包装的鲜菇置于三层包装盒的中格,其他两格放置用塑料袋包装的冰块,并定时更换冰块。此法对草菇、松茸等名贵菌类有良好的短期保鲜作用(空运出口时更适用)。也可在装鲜菇的塑料袋内放入适量干冰或冰块,不封口,于 1℃以下可存放 18 天,6℃可存放 13～14 天,但贮藏温度不可忽高忽低。

(3)短期休眠保藏:香菇、金针菇等采收的鲜品,先置 20℃下放置 12 小时,再于 0℃左右的冷藏室中处理 24 小时,使其进入休眠状态,保鲜期可达 4～5 天。

（4）密封包装冷藏：将采收的香菇、金针菇、滑菇等鲜菇立即用 0.5 ~ 0.8 毫米厚聚乙烯塑料袋或保鲜袋密封包装，并注意将香菇等菌褶朝上，于 0℃ 左右保藏，一般可保鲜 15 天左右。

（5）机械冷藏：有条件的可将采收的各种鲜菇，经整理包装后立即放入冷藏室、冷库或冰箱中，利用机械制冷，调控温度 1℃ ~ 5℃，空气湿度 85% ~ 90%，可保鲜 10 天左右。

（6）自然低温冷藏：在自然温度较低的冬季，将新采收的鲜菇直接放在室外自然低温下冷冻（为防止菇体变褐或发黄，可将鲜菇在 0.5% 柠檬酸溶液中漂洗 10 分钟）2 小时左右，然后装入塑料袋中，用纸箱包装，置于低温荫棚内存放，可保鲜 7 天左右。

（7）速冻保藏：对于一些珍贵的菌类，如松茸、金耳、口蘑、羊肚菌、鸡油菌、美味牛肝菌等在未开伞时，用水轻度漂洗后，用竹席等薄层摊开，置于高温蒸汽密室熏蒸 5 ~ 8 分钟，使菇体细胞失去活性，并杀死附着在菇体表面的微生物。熏蒸后将菇体置 1% 的柠檬酸液中护色 10 分钟，随即吸去菇体表面水分，用玻璃纸或锡箔袋包装，置 -35℃ 低温冰箱中急速冷冻 40 分钟至 1 小时后移至 -18℃ 下冷冻贮藏，可保鲜 18 个月。

2. 杀酶保鲜法

将采收的鲜菇按大小分装于筐内，浸入沸腾的开水中漂烫 4 ~ 8 分钟，以抑制或杀灭菇体内的酶活性，捞出后浸入流水中迅速冷却，达到内外温度均匀一致，沥干水分，用塑料袋包装，置冰箱或冷库中贮藏，可保鲜 10 天左右。

3. 气调保鲜法

气调保鲜就是通过调节空气组分比例，以抑制生物体（菇菌类）的呼吸作用，来达到短期保鲜的目的。常用方法有以下几种：

（1）将鲜香菇等菇类贮藏于含氧量 10% ~ 20%，二氧化碳 40%，氮气 58% ~ 59% 的气调袋内使温度保持在 20℃ 以下，可保鲜 8 天。

（2）用纸塑袋包装鲜菇等菇类，加入适量天然去异味剂，于 5℃ 下贮藏，可保鲜 10 ~ 15 天。

（3）用纸塑复合袋包装鲜草菇等菇类,在包装袋上打若干自发气调孔,于15℃～20℃下贮藏,可保鲜3天以上。

（4）真空包装保鲜:用0.06～0.08毫米厚的聚乙烯塑膜袋包装鲜金针菇等菇类3～5千克,用真空抽提法抽出袋内空气,热合封口,结合冷藏,保鲜效果很好。

4. 辐射保鲜法

辐射保鲜就是用^{60}Co γ射线照射鲜菇体,以抑制菇色褐变、破膜、开伞,达到保鲜的目的,这是目前世上最新的一种保鲜方法。

（1）以^{60}Co γ射线照射装于多孔的聚乙烯袋内的鲜双孢菇等菇类,照射剂量为（250～400）×10^3拉德（即电子状）,于10℃～15℃下贮存,可保鲜15天左右。

（2）以^{60}Co γ射线照射鲜蘑菇等菇类,照射剂量为5万～10万拉德,贮藏在0℃下,其鲜菇颜色、气味与质地等商品性状保持完好。

（3）以^{60}Co γ射线照射处理纸塑袋装鲜草菇等,照射量为8万～12万拉德,于14℃～16℃下贮存,可保鲜2～3天。

（4）以^{60}Co γ射线照射鲜松茸等,照射剂量为5万～20万拉德,于20℃下可保鲜10天。

辐射保鲜,是食用菌贮藏技术的新领域,据联合国粮农组织、国际原子能机构及世界卫生组织联合国专家会议确认,辐射总量为100万拉德时,照射任何食品均无毒害作用。

5. 化学保鲜法

化学保鲜即使用对人畜安全无毒的化学药品和植物激素处理菇类,以延长鲜活期而达到保鲜目的的一种方法。

（1）氯化钠（即食盐）保鲜:将采收的鲜蘑菇、滑菇等整理后浸入0.6%盐水中约10分钟,沥干后装入塑料袋内,于10℃～25℃下存放4～6小时,鲜菇变为亮白色,可保鲜3～5天。

（2）焦亚硫酸钠喷洒保鲜:将采收的鲜口蘑、金针菇等摊放在干净的水泥地面或塑料薄膜上,向菇体喷洒0.15%的焦亚硫酸钠水溶液,翻动菇体,使其均匀附上药液,用塑料袋包装鲜菇,立即封口贮藏于阴凉处,在20℃~25℃下可保鲜8~10天(食用时要用清水漂洗至无药味)。

(3)稀盐酸液浸泡保鲜:将采收的鲜草菇等整理后经清水漂洗晾干,装入缸或桶内,加入0.05%的稀盐酸溶液(以淹没菇体为宜),在缸口或桶口加盖塑料膜,可短期保鲜(深加工或食用时用清水冲洗至无盐酸气味)。

(4)抗坏血酸保鲜:草菇、香菇、金针菇等采收后,向鲜菇上喷洒0.1%的抗坏血酸(即维生素C)液,装入非铁质容器,于-5℃下冷藏,可保鲜24~30小时。

(5)氯化钠与氯化钙混合保鲜:将鲜菇用0.2%的氯化钠加0.1%的氯化钙制成混合液浸泡30分钟,捞起装于塑料袋中,在16℃~18℃下可保鲜4天,5℃~6℃下可保鲜10天。

(6)抗坏血酸与柠檬酸混合液保鲜:用0.02%~0.05%的抗坏血酸和0.01%~0.02%的柠檬酸配成混合保鲜液,将采收的鲜菇浸泡在此液中10~20分钟,捞出沥干水分,用塑料袋包装密封,于23℃贮存12~15小时,菇体色泽乳白,整菇率高,制罐商品率高。

(7)比久(B9)保鲜:比久的化学名称是N-二甲胺苯琥珀酰液,是一种植物生长延缓剂。以0.001%~0.01%的比久水溶液浸泡蘑菇、香菇、金针菇等鲜菇10分钟后,取出沥干装袋,于5℃~22℃下贮藏可保鲜8天。

6. 麦饭石保鲜法

将鲜草菇等装入塑料盒中,以麦饭石水浸泡菇体,置于-20℃下保存,保鲜期可达70天左右。

7. 米汤碱液保鲜法

用做饭时的稀米汤,加入1%纯碱或5%小苏打,溶解搅拌均匀,冷却至室温备用。将采收的鲜菇等浸入米汤碱液中,5分钟后捞出,置阴凉、干燥处,此时蘑菇等表面形成一层米汤薄膜,以隔绝空气,可保鲜12小时。

参考文献

［1］杨新美. 中国食用菌栽培学［M］. 北京：中国农业出版社,1988.

［2］陈士瑜. 食用菌栽培新技术［M］. 北京：中国农业出版社,1999.

［3］何培新,等. 名特新食用菌30种［M］. 北京：中国农业出版社,1999.

［4］丁湖广,彭彪. 名贵珍稀菇菌生产技术问答. 北京：金盾出版社,2011.

［5］陈启武,夏群香. 平菇·姬菇·秀珍菇栽培新技术. 上海：上海科学技术文献出版社,2005.

［6］严赞开,等. 金针菇·草菇·银丝菇. 北京：科学技术文献出版社,2002.

［7］罗信昌,等. 食用菌病杂菌及防治. 北京：中国农业出版社,1994.

敬　启

本书封面从网络上选用了4幅菇菌图片，因未能联系到作者，我社已将图片的使用情况备案到内蒙古自治区版权保护协会，并将图片稿酬按国家规定的稿酬标准预付给内蒙古自治区版权保护协会。在此，敬请图片作者见到本书后，及时与内蒙古自治区版权保护协会联系领取稿酬。

内蒙古科学技术出版社